人類進化の700万年
書き換えられる「ヒトの起源」

三井 誠

講談社現代新書
1805

まえがき

人類の進化というと、何を思い浮かべるでしょうか。

腰に毛皮をまいてマンモスを追いかけている原始人を想像する人もいるでしょうし、毛むくじゃらの雪男を思い浮かべる人もいるでしょう。

「人類がサルから進化してきた」ということは、いまや常識かもしれません。しかし、「いつごろ、どんな風に——？」と聞かれると、「はて」と考え込んでしまいます。

「私たちはいかに進化してきたのか——」。だれもが感じる素朴な疑問だと思いますが、いざ人類学を学んでみようとして、とたんに意欲が衰えた経験をした人もいるのではないでしょうか。私も数年前までそうでした。

アウストラロピテクス、パラントロプス、ホモ・エレクトスに、ネアンデルタール人などなど、カタカナが並ぶ慣れない固有名詞に困惑しました。そして、中手骨や腸骨、大腿骨頭といった骨の名前も、大きなハードルでした。覚えることが多いように思えて、ついつい二の足を踏んでいました。はっきりいうと、私は人類学が嫌いでした。

しかし、人類学の取材を始めこれらの固有名詞に慣れてくると、この分野の研究は、学校の教科書でなんとなく覚えた〝常識〟がもう時代遅れといえるほど、進んでいることに驚きました。

　現代に生きる私たち現生人類（ホモ・サピエンス）への進化は、決して順調な道のりではありませんでした。進化の途中で絶滅した人類が、二十種類もいたと考える研究者もいます。ホモ・サピエンスはたまたま現在に生き残っている人類に過ぎません。人類はホモ・サピエンスになるべく着々と進化してきたわけではないのです。

「人類は七百万年前にアフリカで誕生した」と現在の人類学は説いています。七百万年の歴史の大半には、きらびやかな装飾品も巨大な建造物も出てきません。断片的に見つかる人骨の化石と、粗末とも思える石器が主な語り部です。研究者は地道な努力のすえに化石や遺跡を探し出し、最先端の科学技術も駆使して、人類進化の道筋を描き出しはじめています。

　この本では、できるだけ専門用語を使わず、読者のみなさんを聞き慣れない言葉で翻弄しないよう努めました。欠かせない人類種の名前は紹介しましたが、いちいち覚える必要はありません。気にしないで読み進めてください。読んでいる途中で、「アウストラロピテクスって何だったかな」と思ったときには、巻末資料を参考にしてください。

「興味はあるのだけど、なんとなく、とっつきにくい」。そんな数年前の私のような気持ちを抱いている読者に、気軽に読んでもらえたらうれしい。人類の進化を巡る素朴な疑問のなかで、何がわかっていて、何がわかっていないのか――。現代科学がとらえている人類進化の全体像をお伝えできるようにと心がけたつもりです。姿勢を正して机に向き合う必要はありません。電車の中で、あるいは自宅のソファーに寝ころんで、私たちがたどってきた七百万年の歴史を紐解く旅に出ましょう。

目次

第1章　人類のあけぼの

約700万年前、進化したばかりのころの人類はこんな顔だった？　最古の人類化石をもとに作製（イラスト・カサネ治）

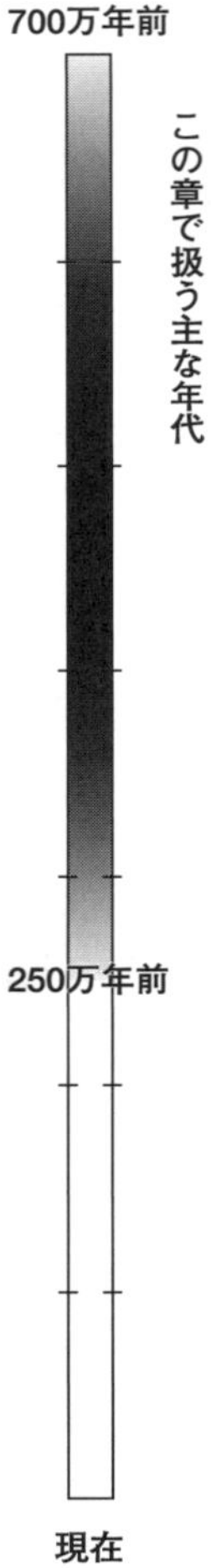

人類とは

人類の進化を語るわけだから、まずは、どんな動物のことを人類というのか、はっきりさせよう。意外と、これが難しい。

現在の地球にいる人類は、「現生人類（ホモ・サピエンス）」だけだ。一種類しかいない。ほかの動物を見て、「この動物は人類なのだろうか」と迷うことはない。人類に最も近縁とされるチンパンジーだって明らかに違う。

しかし、人類は昔から、現在の姿形をしていたわけではない。約七百万年前に生まれたとされる最初の人類にもし出会えても、私たちが一目見て「人類だ！」、とは思えないだろう。むしろ、変なサルと感じるかもしれない。

何気なく使う「人類」という言葉だが、ここでは「哺乳綱霊長目ヒト科」のことを指す。イヌやゾウなどを含む哺乳綱（類）というグループの中で、霊長目つまりサルの仲間の一群ということだ。

「分岐学」という考え方によると、ヒト科つまり人類は、「最も近縁なチンパンジーとの共通祖先から枝分かれして、現生人類のほうに進化を始めた一群の動物」ということになる。言葉にすると回りくどいが、図1―1のように書くとすっきりする。

共通祖先から人類側に足を踏み出したとき、人類はどのような特徴を新たに身につけたのだろうか――。研究者は化石を丹念に調べ、共通祖先と枝分かれしてからの特徴を見つけだしている。そして、その特徴を持つ動物を「人類」と定義している。「人類とはかくあるべし」という価値観で人類を定義しているわけではない。

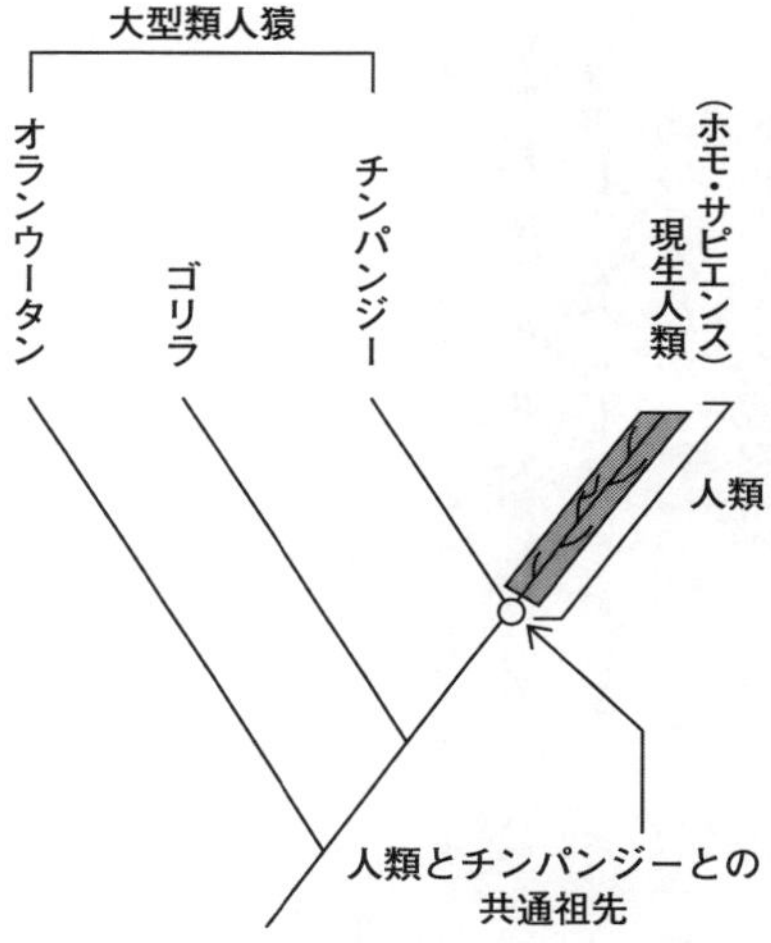

図1―1　人類とは？

では、ちょっとした質問。

次のうち、人類がチンパンジーとの共通祖先から枝分かれしたごく初期に持っていた特徴はどれだろうか。複数解答です。

1　脳の大型化

2　複雑な言語の使用
3　メスの発情期の喪失
4　直立二足歩行
5　犬歯の縮小

答えは4の「直立二足歩行」と5の「犬歯の縮小」だ。

ちなみに「脳の大型化」は第2章で見るが、約二百四十万年前以降のことだ。「複雑な言語の使用」は、化石からは読みとりにくいが、最新の証拠によると七万五千年前ごろには獲得していたらしい。これは第3章で紹介したい。「メスの発情期の喪失」は、もちろん人類の特徴だが、いつの時代のことか、わかっていない。**表1―1**に人類が進化の道のりで獲得してきた主な特徴を紹介した。

現代では、人類とほかの動物を分ける目安として大きな脳と知性が目に付く。実際、ホモ・サピエンスという現生人類の名前も「賢いヒト」という由来を持つ。しかし、人類は進化したてのころから、賢かったわけではない。

初期の人類は、「立っただけのチンパンジーのような動物」と言えるかもしれない。いきなり、チンパンジーとの共通祖先から私たち現生人類が生まれたのではなく、少しずつ、人間らしさを獲得してきた。人類の特徴は一度に獲得されたのではなく、モザイク様に進化は進んだらしい。

初期の人類を「猿人」と呼んでいるが、私は、人類学を担当する記者になって、猿人を「人類」というのに抵抗があった。「なぜ、この化石を人類と言うのか――」。ひっかかっていたのも、人類といえば現在の私たちしか知らなかったからだと思う。

700～ (万年前)	直立二足歩行 犬歯の縮小
400～	歯のエナメル質の厚み増大? (根など硬い食べ物に適応)
250～	石器の作製 脳の大型化が始まる
200～	体毛の喪失?
180～	アフリカから出る
80～	火の使用?
7.5～	シンボルを扱う能力 言語の使用?
3.5～	芸術の広がり
1.0～	農業を始める

表1－1　人類が獲得した主な特徴と時期

しかし、考えてみれば、チンパンジーとの共通祖先から枝分かれした初期の人類は、現生人類へと至る道の一歩目を踏み出した動物で、人類の系譜に載っていることは間違いない。彼らは進化の路線を変えてチンパンジーになったりしない。ほかの動物とたもとを分かち、私たちにつながる道を歩み始めたという意味で、彼らは人類にほかならない。たとえ、現在の

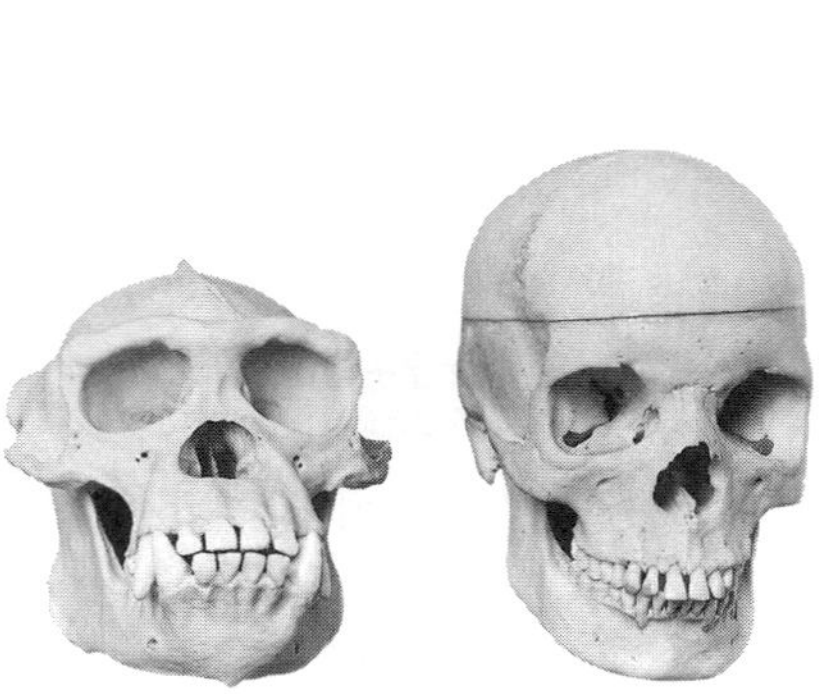

写真1―1　人類とチンパンジーの犬歯
大きくとがったチンパンジーの犬歯（左）に比べ、現生人類の犬歯（右）は小さい
（国立科学博物館常設展より）

私たちとは似ても似つかなくても、それは重要な点ではない。

初期人類の特徴として、「直立二足歩行」と「犬歯の縮小」を挙げたが、「犬歯の縮小って何？」と思った人がいるかもしれない。

犬歯は、前歯の脇にある、少し尖《とが》っている歯だ。マントヒヒなどが威嚇するときに見せる牙が、犬歯に当たる。類人猿でもこの犬歯は発達している（**写真1―1**）。特にオスでは、互いに威嚇したり嚙《か》みついたりするときに鋭く大きな犬歯が威力を発揮する。オスはこの戦いに勝つことで、集団のなかで高い順位についたりハーレムのボスになったりして、メスを獲得する足がかりにする。

大きな犬歯は、食べ物を嚙み砕くよりも、戦いに役立つ。犬歯が発達していなければ、オスはメスを獲得するのも、ままならない。犬歯には、「たかが一本の歯」ではない重みがある。類人猿などの上あごの犬歯は、嚙むたびに下あごの小臼歯《しょうきゅうし》に研がれるようになっていて、いつも鋭さに磨きがかけられているほどだ。

ところが、人類になると犬歯は目立たなくなる。「人類は二足歩行のおかげで自由になった手に何らかの武器を持つようになり、戦いのために大きく鋭い犬歯を必要としなくなった」という考えもあるが推測の域を出ない。犬歯が小さくなった訳については、直立二足歩行と併せ、改めて後で考えてみたい。

二足歩行をしてなくても人類？

初期人類の特徴を見てきた。人類がチンパンジーとの共通祖先から枝分かれしたときに、「直立二足歩行」と「犬歯の縮小」という特徴を獲得したらしいということだった。しかし、人類が誕生したときに真っ先にどのような特徴が進化したのか、実ははっきりしていない。チンパンジーとの共通祖先から人類へと至る段階の化石を、順を追って見つけださなければ、真相はわからない。現在の人類学は、そこまで迫りきれていない。

「直立二足歩行」と「犬歯の縮小」は、これまでに見つかっている化石の証拠から、枝分かれ直後の特徴として有力視されているということだ。どちらが先なのか、あるいは同時に進化したのか——。人類がチンパンジーとたもとを分かち、私たちに向け一歩目を踏み出したときに何が起きたのか、わかっていない。

とすると、「直立二足歩行をしていない人類」というのは、考え得るのだろうか。

さきほど説明した通り、人類を、チンパンジーとの共通祖先から枝分かれした後の動物と定義するのであれば、必ずしも二本足で歩いていなくてもいい。「直立二足歩行」が共通祖先から枝分かれした直後ではなく、しばらくたってから進化したのであれば、その間は「二足歩行してない人類」が存在しうる。

ここ数年、人類とチンパンジーとの分岐に迫るような化石が相次いで見つかり、「明らかに人類」とは言いにくい例が増えてきている。直立二足歩行をしていたかどうか、はっきりしない化石も出てきている。研究者は、直立二足歩行について明確な結論を出せなくても、犬歯などの特徴から、これらを人類として分類している。

そうした化石を見ていくことにしよう。

最古の人類化石

これまでに見つかっている最古の人類の化石は、七百万〜六百万年前のものだ（復元図は本章扉イラスト）。フランスなどの研究チームがアフリカ中央部のチャドで発見し、二〇〇二年に報告した。

人類進化の歴史を七百万年というのは、この化石の年代がもとになっている。この化石が報告される前、つまり二十世紀には、人類進化は五百万年とも言われていた。一つの化石の発見が従来の説を塗り替えていくのも、この分野を取材する楽しさだ。人類学というと地味な印象があるかもしれないが、実は次々と新しい発見があるダイナミックな分野なのだ。

見つかったのは、ほぼ完全な頭の骨だ。脳の大きさは三百六十〜三百七十ccとチンパンジーと変わりない。現生人類の三分の一以下だ。現生人類の新生児並みの大きさともいえる。頭骨の大きさから推定した身長は百五〜百二十センチほどで、やはり現代のチンパンジーとほぼ変わらない。

一部の研究者がメスの類人猿と指摘するほど原始的な特徴を持つが、さきほど説明した犬歯の縮小などの特徴が認められ、わずかだが人類の側に足を踏み出しているとされる。

では、この人類は直立二足歩行をしていたのだろうか。

残念ながら、二足歩行の特徴を読みとりやすい腰や足の骨はまだ報告されていない。研究チームは、頭の骨から二足歩行していたかどうかを見極めようとした。

次ページの図1―2で、現生人類と類人猿の頭部を並べてみた。首の骨が頭骨に入り込む部分を見て欲しい。類人猿では頭骨の後方に斜めに首の骨が入り込んでいるが、直立する現生人類では頭骨のほぼ中央に垂直に首の骨が入っている。頭の骨の裏側を見ると、類

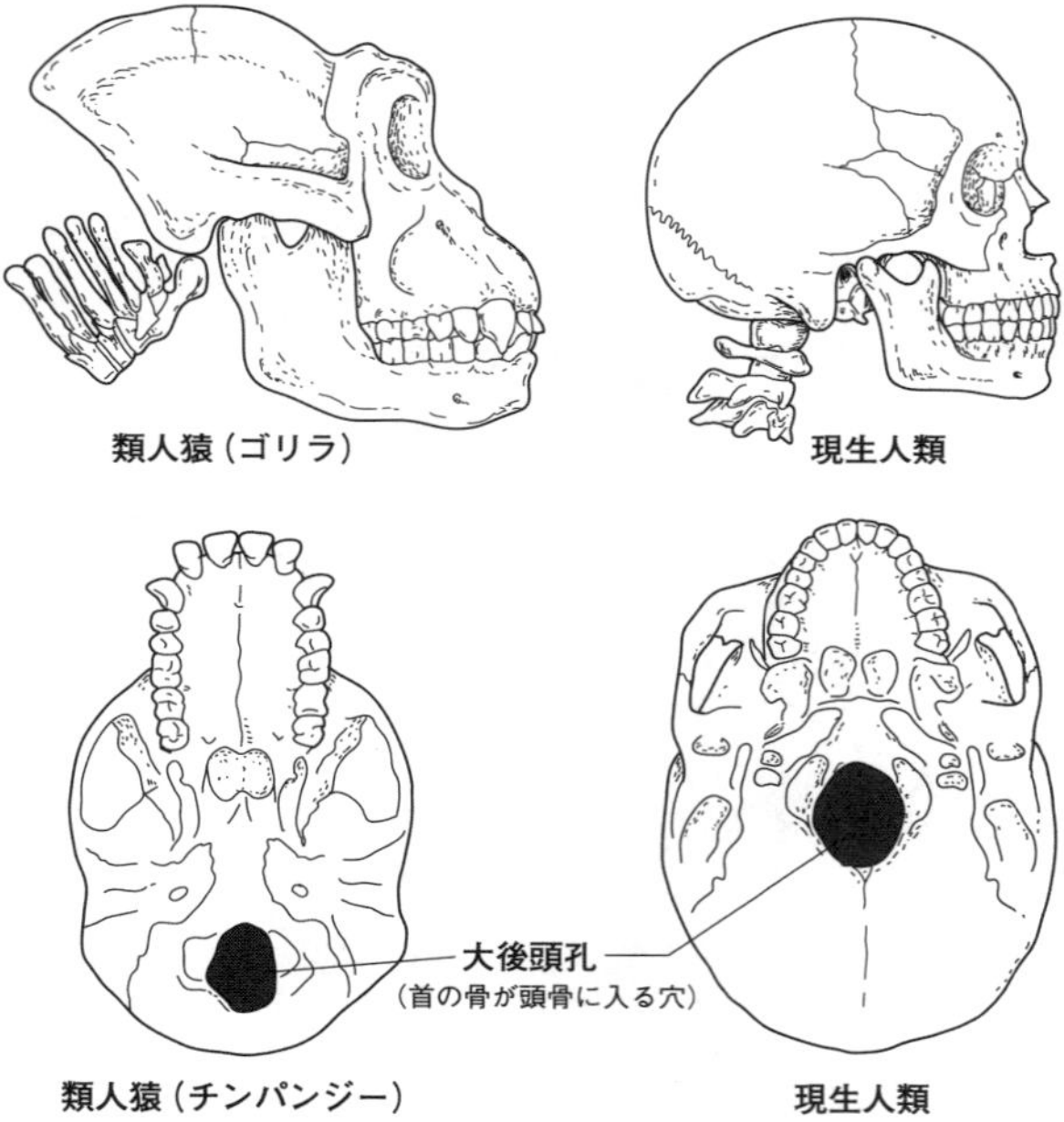

頭の後方から首の骨が入る類人猿では、大後頭孔の位置が後方になっている

図1－2　姿勢と大後頭孔の位置

人猿では頭骨の後方に穴があき、現生人類では頭骨のほぼ中央にあいていることが確認できる。首の骨が頭骨に入るためにあく穴は「大後頭孔《だいこうとうこう》」と呼ばれ、そのあき方は動物の姿勢との関連が指摘されている。

最古の人類化石は大後頭孔が比較的、前方についていたため、直立二足歩行をしていた可能性がある。ただ、その程度は決定的ではなく、類人猿の個体差の範囲内とする批判がある。また、大後頭孔の分析だけで姿勢を推し量るには無理があるとの指摘もある。テナガザルは樹上で直立した姿勢を取ることが多いが、大後頭孔は後ろを向いたままだ。大後頭孔だけでは、姿勢を確定できないようだ。現段階で、最古の人類が二足歩行をしていたかどうか、明確な結論は出ていない。

「はっきりしてくれ」と言いたくなるが、こうした不確実性は、断片的な化石から失われた過去を探る人類学の宿命だろう。ほかの科学では、第三者が同じ実験をして同じ結果を得るという「再現実験」で正しさを確かめているが、進化をやり直すことはできない。人類進化を考えるうえでは、そうした限界を頭の片隅に置きつつ、はっきりしない記述も温かい目で見て欲しい。断定的でわかりやすい記述は、「眉唾《まゆつば》」の可能性もある。

最古の人類化石についてまとめると、「犬歯の縮小などから人類の一員と判断できる。直立二足歩行を示唆する特徴もあるが、歩き方を決定づけるまでに至っていない」ということになる。

猿人の仲間

「猿人」という言葉はおもに、人類が誕生したとされる約七百万年前から、脳の大型化などが始まる約二百五十万年前までの人類をまとめて言うときに使う。猿人がより人間らしく進化した人類は「原人」と呼ばれる。原人については第2章で詳しく触れたい。

猿人の仲間を見ていこう。化石となった人類につくカタカナの長い名前は、慣れるまでとっつきにくいが、「この化石」「あの人類」とばかりも言っていられない。代表的な化石（人類種）については名前もあわせて紹介していきたい。

生物の名前は、「種」とその上の分類段階である「属」を組み合わせて表現する。現生人類は、ホモ属のサピエンス種で「ホモ・サピエンス」となる。

さきほど紹介した最古の人類化石は「サヘラントロプス・チャデンシス」という。サハラ砂漠の南端を意味する「サヘル」と、ヒトを意味する「アントロプス」を組み合わせて属名（サヘラントロプス）とし、発見地のチャドにちなんで種名（チャデンシス）を付けている。

研究者は、厳しい発掘調査で見つけだした化石に、我が子のような愛着を感じるという。サヘラントロプスのような大発見の場合はなおさらだろう。研究チームはこの化石に、現地語で「生命の希望」を意味する「トゥーマイ」という愛称を付けた。

サヘラントロプスに近い年代の化石も、相次いで報告されている。六百万～五百八十万年前の人類化石（オロリン・ツゲネンシス）、五百八十万～五百二十万年前の人類化石（アルディピテクス・カダバ）の二つは、ともに二〇〇一年に報告された。

オロリンは「最初の人」、ツゲネンシスは発掘地の「ツーゲン丘」（ケニア）にちなんだ名前だ。また、アルディピテクスは「地面のサル」、カダバは「根元的な祖先」を意味している。それぞれの名前から、研究者の化石への思いが感じ取れる。

オロリン・ツゲネンシスは大腿骨が見つかっており、直立二足歩行をしていた可能性が指摘されている。

アルディピテクス・カダバは縮小した犬歯などから人類の一員と判断されている。しかし、その判断は微妙らしい。これら初期人類の犬歯を、類人猿の犬歯にそっと交ぜておいたとする。その中から初期人類の犬歯を区別するのは、専門家でも困難といわれるほどだ。「これは人類」「あれは類人猿」とだれもが言えるほど、明確な違いはない。人類とチンパンジーとの共通祖先にあと一歩のところまで迫ってきているということだろう。

猿人の中心的なメンバーは、約四百二十万年前以降に進化してきた「アウストラロピテクス属」という人類だ。アウストラロピテクスとは「南のサル」を意味する。一九二四年にアフリカで初めての猿人化石を発見したレイモンド・ダート氏が、発見地の南アフリカにちなんで名付けた。ダート氏は発見した化石を、人類と類人猿の中間段階と位置づけ、「人間のようなサル（類人猿）」と当時の論文で発表している。現代では、この化石は人類の仲間入りを果たしているのだが、第一命名者の権利が尊重され、「南のサル」の名称が現代でも使われている。

最も有名な猿人化石は、「ルーシー」の愛称で呼ばれている。米国やフランスなどの研究チームが一九七四年に発見した。ルーシーは約三百二十万年前に現在のエチオピアで生きていた女性だ。全身の約四割の骨が見つかった。たかが四割と思うかもしれないが、この時代の人類化石は歯や頭骨、手足の一部など断片的であることを考えれば、極めて貴重な

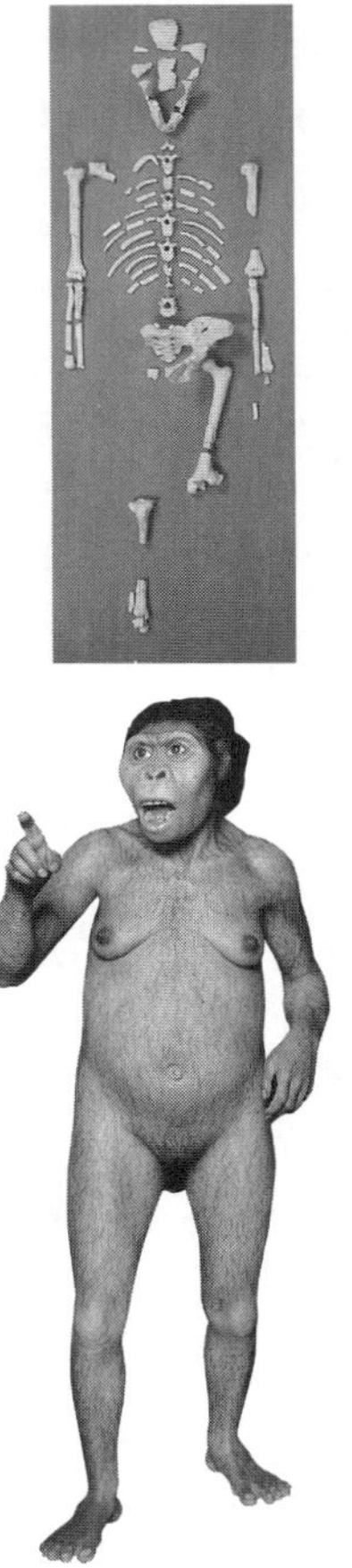

写真1－2　ルーシーの骨格（複製模型）**と復元像**
（国立科学博物館蔵）

化石だ。猿人の姿を復元するときには、いつも活躍している（写真1－2）。年齢は二十～三十歳くらいとみられている。大人であることを意味する第三大臼歯（親知らず）がすでに生えていた一方、表面の摩耗がわずかだったことなどから、「大人になっているが年寄りではない」ということらしい。

脳の大きさは四百cc弱と推定され、チンパンジーと大差ない。身長は一メートルあまりと小柄。足に比べて手が長いのも特徴だ。「大腿骨（太もも）」の長さに対する「上腕骨（二の腕）」の長さの比を見ると、チンパンジーでは約一〇〇％と、二の腕と太ももは同じ長さだ。現代人は約七〇％と、二の腕が短くなっている。ルーシーは約八五％と両者の中間を占める。ルーシーの手が長いのは、樹上で木をつかんだり、遊具の「うんてい」を渡る子どものように枝を渡ったりした類人猿のころの名残と考えられている。

ルーシーの名は、化石発掘を祝う宴会のバックミュージックが、ビートルズの「ルーシー・イン・ザ・スカイ・ウィズ・ダイヤモンズ」だったことにちなんでいるそうだ。化石の名前もいろいろだ。ルーシーの学名は「アウストラロピテクス・アファレンシス」という。

直立二足歩行をしていたかどうかを素人が化石から見極めるのはなかなか難しいが、だれが見ても一目で二足歩行をしていたことがわかる化石がある。タンザニア・ラエトリで見つかっている足跡の化石だ（写真1－3）。約三百五十万年前のもので、猿人（アウストラロピテクス・アファレンシス）が歩いた跡と考えられている。確かに、三百五十万年前の人類は二本足で歩いていたのだ。

足跡でも化石？　と思うかもしれないが、化石は骨が石化したものだけでなく、動物の這《は》い跡、巣穴など生活の痕跡も指す。

写真1－3　ラエトリの足跡化石
約350万年前に人類が二足歩行をしていたことを示す足跡。写真は3歩分で、大きい足跡と小さい足跡が左右に並んでいる。よく見ると大きい足跡の上にもう一人が歩いた跡がある　（国立科学博物館蔵＝複製模型）

ラエトリの足跡を見ると、土踏まずがあり、しっかりとした二足歩行をしていたことがわかる。二列になった足跡は、長さ二十六センチと十八センチの二組だ。さらに大きいほうの足跡の上には長さ二十一センチの足跡が重なっており、一家三人で猿人が歩いていたのではないか、と推測する研究者もいる。ただ、寄り添って歩いた家族がこの三組の足跡を残したのか、だれかが歩いた後に赤の他人がまた歩いたのか……。どちらが正しいか、いまとなっては知るよしもない。

人類は何種類いたのか

初期人類の名前がいろいろと出てきたが、人類は誕生以来、何種類いたのだろうか。これもなかなか難しい問題だ。

新しく化石が見つかるたびに、新種なのかどうか、研究者の間で一悶着《ひともんちゃく》起きる。というのも、新しい化石と従来の化石との違いが、同じ種の中の個体差なのか、種が違うことによる差なのか、見極めるのが大変だからだ。なにせ、見つかるのは、数本の歯だけだったり、断片的な手足の骨だったりするのだから……。

化石の違いを重視して多くの新種を作る傾向がある研究者は、「スプリッター（Splitter・分離主義者）」と呼ばれる。一方で、微妙な違いは種の違いではなく同じ種の中の個体差であるとし新種の設定に慎重な研究者は「ランパー（Lumper・統合主義者）」と呼ばれる。新種の設定が妥当かどうかを巡り、スプリッターとランパーの攻防が幾度となく繰り広げられている。

海外の研究者が作った見慣れない複雑な系統樹を見て、親しい研究者に問い合わせてみると、こんな返事が戻ってくることがある。

「あの人（系統樹の作成者）はスプリッターだから……」

スプリッターが分類すれば、人類は二十種以上もいたことになるが、ランパーにとってみれば十種あまりに減る。細かな分類の背景には「見つけた化石を新種とするほうが注目を集めやすい」という研究者の功名心があると揶揄《やゆ》されたりもする。学問というと専門用語を駆使して客観的な議論が行われているような印象を持つが、その裏には、人間らしい泥臭さも潜んでいるということだろうか。

種の設定の是非、それぞれの種の関係など、人類の進化を描く系統樹は研究者の数ほどあるとさえ言われる。まだ定まったものはない。

ただ、新種を作るのに慎重なランパーにしても、人類の進化は、かつて言われた「猿人」→「原人」→「旧人」→「新人」という単線ではなく、複数の人類種が生まれては消えた歴史であるということは、スプリッターと一致している。人類の進化は絶滅の歴史で

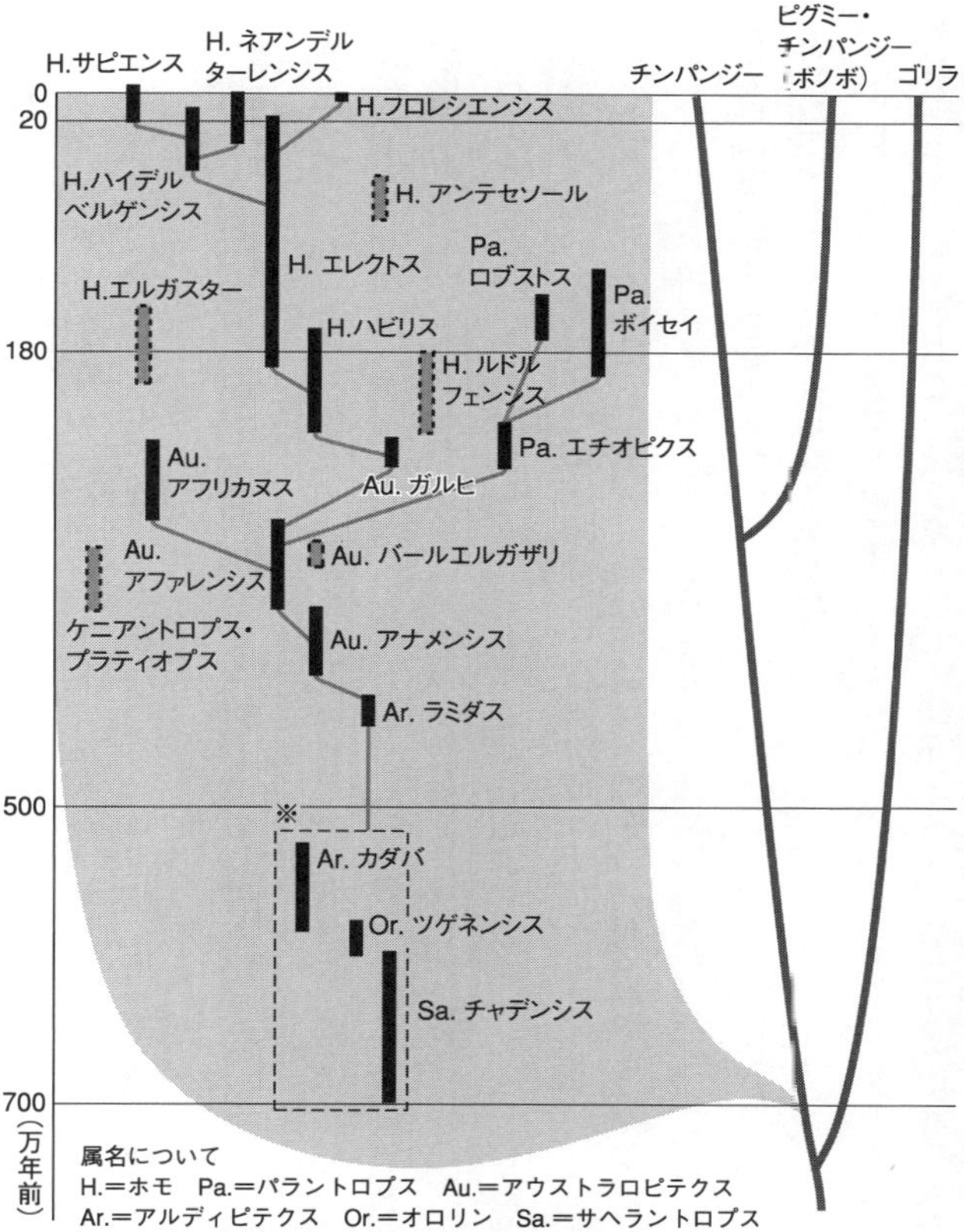

▒▒ は、研究者によっては種と認めていない。ここでは系統から省いた
※初期三属の系統関係は不明。現在は三属に分けられているが、一つの属にまとめられるとの指摘もある

図１―３　人類進化の道のり（一例）

「Nature Vol. 422, p850（2003年）」を改変

あったともいえる。

単一の種が着々と進化の階段を登って私たち現生人類にたどり着いたのではなく、現生人類は複数の枝分かれの中で現代に生き残った一つの枝に過ぎない（図1―3）。

人類はどこで進化？

化石の説明は少し休憩して、人類が進化した状況を探ってみよう。

進化論を生み出したチャールズ・ダーウィン（一八〇九―八二年）は、初期人類の化石がまだ見つかっていない一八七一年に、次のような予言をしていた。

「世界のそれぞれの大陸を見ると、現存する哺乳類はその地域で過去に絶滅した種と近縁である。それゆえアフリカには以前、ゴリラやチンパンジーと近縁な、絶滅した類人猿が住んでいたと考えられる。そしてこの二種は、現在の人間と最も近縁な種であるので、われわれの初期の祖先は、どこよりもアフリカに住んでいた可能性が高いだろう」（『人間の進化と性淘汰Ⅰ』文一総合出版）

鋭い洞察力には、恐れ入るばかりだ。

二十世紀になると、アフリカで次々と人類の化石が見つかり、ダーウィンの予言が正しかったことが証明された。第2章で詳しく紹介するが、アフリカの外に人類が進出するのは約百八十万年前以降のことだ。人類は誕生してからほぼ五百万年間、アフリカで生きていた。

では、アフリカのどこでどのように進化したのだろうか。

『ウエストサイド・ストーリー』という映画を見た人は多いと思うが、人類学では、この映画のタイトルをもじって付けた「イーストサイド・ストーリー」という仮説が唱えられてきた。フランスの人類学者、イブ・コパン博士が一九八二年に発表した。

その筋書きは次のようなものだ。

八百万年前に加速した大地溝帯の活動によって、紅海沿岸からタンザニアにかけて山々ができた。西から流れ込む湿気を帯びた空気がこの山々に遮《さえぎ》られ、アフリカ東部は乾燥化が進み森林が減少。広がった草原に隔離された類人猿は、木登りの樹上生活から地上での二足歩行の生活に移行して、人類へと進化した。一方、西側の森林にとどまった類人猿はチンパンジーに進化した。

人類の起源をもっともらしく説明してくれるこの説は、ネーミングのセンスの良さも手伝い、広く紹介されてきた。

しかし、この説に決定的な問題点があることが最近、わかってきている。まずは、人類進化の地をアフリカ東部としていることだ。コパン博士がこの説を発表した一九八二年の段階で、見つかる猿人化石はアフリカ東部が中心だった。しかし、さきほど紹介した最古の人類化石サヘラントロプスが発見されたのは、大地溝帯の西にあたるアフリカ中央部のチャドだった（図1－4）。人類誕生の地は乾燥が進んだアフリカ東部だったとは言えない状況になってきている。

もちろん、この時代のアフリカ中央部の化石はいまのところサヘラントロプスだけなので、この化石の解釈や年代を見誤っている可能性はあるが、イーストサイド・ストーリーにはほかにも問題点がある。

八百万年前ごろに大地溝帯が大きく隆起して人類の祖先種がアフリカ東部に隔離されたとしている点だ。最近の研究によると、そのころの隆起は動物相を分けるほど発達していなかった。東部での乾燥化にしても、当時はそれほど進んでいなかったらしい。乾燥化が急速に進むのは三百万～二百五十万年前以降と現在は考えられている。

人類が進化しはじめたのは、草原ではなく、むしろ森林のような環境だった可能性もわかってきた。

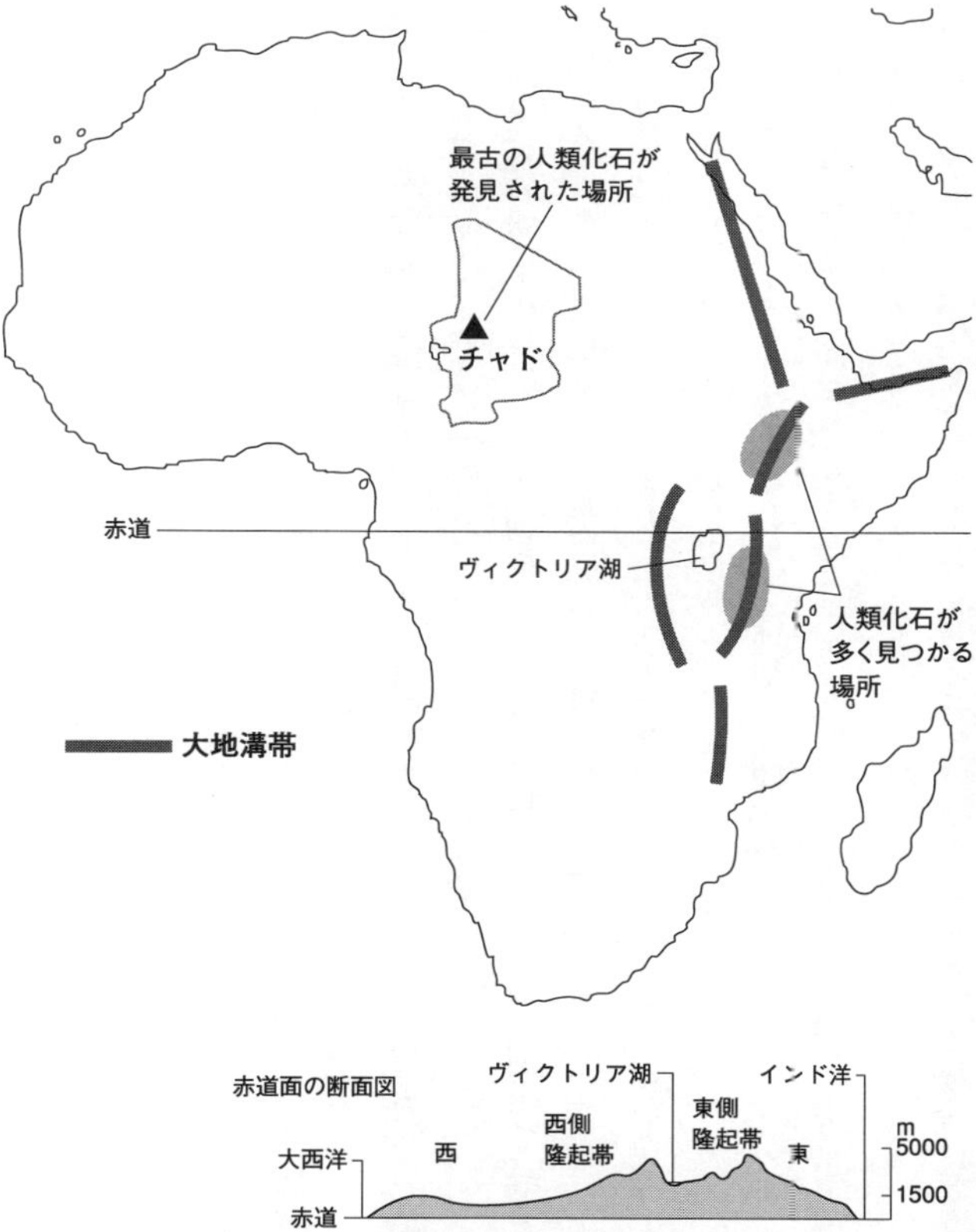

アフリカ大陸の裂け目である大地溝帯では、活発な火山活動による隆起のため山々ができている。断層活動による陥没も激しく起伏に富んだ地形になっている

図１−４　大地溝帯と人類化石

森で生まれた

人類は草原で進化したと覚えた人は多いのではないだろうか。例えば、こんな風に。

「森林を追い出された類人猿が広大な草原で立ち上がったとき、二本足で歩く人類が誕生した」

ところが、新たに見つかる化石はこうした〝常識〟を変えようとしている。

一九九四年に報告された約四百四十万年前の猿人化石（アルディピテクス・ラミダス）が発端だった。発見地はエチオピア。最初に見つけたのは東京大学総合研究博物館の諏訪元《げん》助教授（当時は東京大理学部講師）だ。

この化石の周辺から出てくる動物の化石を分析したところ、樹上で暮らすサルの仲間「コロブス」や、木の葉をよく食べるウシ科の動物が次々と見つかった。一方で、草原に暮らす動物は少なかった。つまり、アルディピテクス・ラミダスは、草原ではなく森あるいは樹木がそれなりに繁っていた環境で暮らしていたようだ。

二〇〇一年に相次いで報告された二種類の人類化石「オロリン・ツゲネンシス」（六百万〜五百八十万年前）、「アルディピテクス・カダバ」（五百八十万〜五百二十万年前）も森林で生活する動物と一緒に見つかっている。

では、最古の人類化石「サヘラントロプス・チャデンシス」の場合はどうか。

この化石が見つかった地層からは、森林のサルであるコロブスのほか、魚やワニ、ゾウ、ウシ、ほかにもカワウソやカバ、ヘビなど多彩な動物化石が見つかった。これらの証拠は、湖や草原、林など異なる環境が混在するモザイク状の土地に初期人類が生きていたことを示す。現在のアフリカでいうとオカバンゴ湿原（ボツワナ共和国）のような環境だったのではないか、と研究チームは推定している。

複数の初期人類が生きた環境は、開けた草原ではないようだ。熱帯雨林か草原かという二者択一の分類ではない、中間的な環境に生きていたのだろう。そのような環境で直立二足歩行を始める人類が現れたらしい。

人類進化最大の謎「直立二足歩行」

二足歩行について「直立」二足歩行とこだわってきたのは、ひざを曲げたり、前かがみになって歩く二足歩行は、チンパンジーやニホンザルなどもときどきするからだ。背筋を伸ばし、文字通り直立するのが人類の特徴だ。

人類と骨格が大きく異なる恐竜、例えばティラノサウルスなどは、直立ではない二足歩行をしていた。現代でもダチョウなどが二足歩行をするが、やはり背骨を直立させていない。安定した直立二足歩行は、人類だけが持つ極めて珍しい特徴だといえる。

大空を飛ぶという能力でさえ、鳥だけでなく昆虫、哺乳類でもコウモリなどがそれぞれ獲得した。なのに、直立二足歩行は人類だけだ。

不思議だ。

人類はいかにして立ち上がったのか――。それは人類進化を巡る最大の謎ともいわれている。多くの人類学者が興味を抱き様々な説を出しているが、まだ決定的な説はない。タイムマシンが発明され当時の現場を取材できればいいが、無理な相談だ。当分の間、この論争に終止符は打たれないような気がする。

しかし、「わからない」だけではつまらない。いくつか代表的な説を見てみよう。いずれも仮説なので、「こんな考え方もあるのか」という感じで、肩の力を抜いて読んで欲しい。

食糧提供仮説

まずは「食糧提供仮説」と呼ばれる仮説を紹介してみよう。

当時つまり七百万年前は、さきほど紹介したように大幅な乾燥化や劇的な草原の広がりはなかったと考えられている。とはいえ、一千万年前以降、アフリカでは少しずつ乾燥化が進んでいたらしい。約五千万~四千万年前にインド亜大陸がアジア大陸に衝突。その影響によりヒマラヤ山脈が隆起し、一千万年前ごろには地球の大気循環を変化させた可能性が指摘されている。ほかに、数千万年前に発達した南極の氷床が地球全体を冷やしたともいわれている。

こうした影響により、アフリカは乾燥した気候になりはじめていたようだ。常夏だった熱帯雨林に季節の移り変わりが目立つようになり、うっそうとした森林は、初期人類が暮らしたような森林と草原が混在する環境に変わっていたのかもしれない。

食糧提供仮説が描く筋書きはこうだ。

気候の乾燥化が、森林の縮小あるいは植生の変化をもたらす。季節変化も強くなり、特に乾期のとき、初期人類は広い地域で食糧を探し求めなければならなかった。

そんな状況で、直立二足歩行への進化が起きる。

初期人類のメスにとって、子どもを抱えて食糧を探し回るのは大仕事だ。次第に食糧を持ち帰ってくれるオスを好むようになった。オスはメスに気に入られようと必死に食糧を運ぶ。最初は口にくわえたり、ぎこちない二足歩行をして手に持ったりしていたのかもしれない。時がたつにつれ、安定した直立二足歩行をするオスが現れ始めた。これらのオスは、自由になった手で多くの食糧をメスに運べるようになった（図1－5）。

持ち帰った食糧は、木の実や植物の根、ときには肉食獣が食べ残した動物の死骸だったと考えられている。それが繁栄への足がかりを築く。

メスが一人で育てるよりも、オスが食糧を届けてくれるおかげで子育ての効率は上がり、この習慣と骨格を身につけた集団は少しずつ繁栄していくようになった。それが人類なのだ。


「見てきたようなウソ」と感じられるかもしれないが、それなりの根拠もあるようだ。

一つは、初期人類は子育ての効率が上がっていた可能性があることだ。

チンパンジーの出産間隔は五〜六年といわれている。一方の人類は、現代人のことだが、自然に任せると二〜四年といわれている。少子化に悩む先進国が多いが、潜在能力としての人類の出産能力は高いらしい。チンパンジーと人類の出産間隔の違いは、生きた環境から説明される。

チンパンジーが住むのは豊かな森。オスが食糧を運ばなくても子どもは育つ。安定した環境では子どもの死亡率が低いので、少ない子どもを大事に育てれば、子孫は繁栄できる。チンパンジーは極端な〝安定主義者〟といえる。しかし、森林の減少が進む現代では、この性質があだとなり、チンパンジーは絶滅の危機にさらされている。

初期の人類はどうなのだろう。サヘラントロプスが見つかった森や草原、湖が混在する

図1－5　初期人類の暮らしぶりの想像図
メスに食糧を届けようとするオスの姿があちこちで見られたかもしれない
（イラスト・カサネ治）

ような所では、食糧を集めて回らなければならない。豊かな森で豊富な果実を食べて生きるチンパンジーに比べれば、飢餓の危険も高い。その危機を乗り越えられた理由が、オスの協力かもしれない。

この説を提唱した米オハイオ州にあるケント州立大のオーエン・ラブジョイ博士は、一九八一年の論文の中で「オスの協力により手に入れられる栄養が増したメスは、出産間隔が短くなるとともに、生存率も上がり、新たな環境で生き抜くことが可能になった」と強調している。

食糧の提供というオスの協力を可能にしたのが、直立二足歩行というわけだ。

夫婦関係と子育て

「食糧提供仮説」が描き出す初期人類の社会には、二本足で立って食糧を妻子のために持ち帰る「父親」の姿がある。すでに、安定した男女の関係があったことも示唆する。

男女の関係が安定しないと、子育てへの動機づけが弱い。

例えば、チンパンジーのような乱婚社会だったらどうだろう。チンパンジーは比較的近い血縁関係にある複数のオスと、ほかの集団からやってきた複数のメスで集団を作る。乱婚なので、オスは自分の子どもがわからない。とすれば、自分の子であるかどうかわからない子を育てるよりは、集団内で自分の地位を上げたり新たなメスを獲得したりするほうが、自分の子どもを多く残せる。このような社会では子育てに励む〝お人よし〟のオスよりも、抜け目なくメスを獲得するオスが繁栄することになる。乱婚社会でオスの忠誠は期待しにくい。

ちなみに、チンパンジーのオスは自らの子孫繁栄のため、子殺しさえするそうだ。ほかの集団から来たメスが最初に生んだ子が犠牲になる。この子は別の集団のオスの子である可能性が高い。つまり、よそ者だ。赤ん坊を殺されたメスは、発情を再開してこの集団のだれかの子を生むことになるそうだ。残酷なようだが、オスたちは殺した赤ん坊を分け合って食べるという。野生動物の世界にしても「ユートピア」であるわけではない。

人類の話に戻ろう。初期人類は、どのような夫婦関係を持っていたのだろうか。

ラブジョイ博士は、人類は進化してまもなくに一夫一妻の集団となった可能性が高いと考えている。これを裏付ける論文を二〇〇三年に発表した。約三百二十万年前の猿人化石などを詳しく調べて、男女の体格差が現代人並みだったことを突き止めた。

男女の体格差は社会構造を窺《うかが》う指標になっている。ゴリラのような一夫多妻を中心とする集団では、オス同士の争いが激しいため、オスの体格はメスに比べて大きくなっている。ハーレムのボスになれるかどうか、ゴリラのオスにとって、勝敗は運命の分かれ道だ。大きな体と大きな犬歯がオスで発達するのは、そのためだ。

一方、チンパンジーでは体格の男女差は少ない。

初期人類の体格に男女差が小さいのであれば、そのころの社会が一夫多妻の集団ではなく、一夫一妻か、チンパンジーのような多夫多妻の集団であることを示唆する。

「現代人は男女の体格差がそれほど大きくないのに、一夫多妻も多いではないか」と思った人がいるかもしれない。確かに、文化人類学者が世界中の八百四十九の文化の夫婦関係を調べたところ、八三%に当たる七百八の社会が一夫多妻の制度を持っていた。一夫一妻制はわずか一六%の百三十七ほどだった。ちなみに一妻多夫も四つの社会にあった。

しかし、一夫多妻の制度があっても、実際に複数の妻を持つ男性は決して多くなかった。制度が一夫多妻を認めても、一夫多妻を実現しているのは裕福な一部の男性だけで、多くの男性は一夫一妻の暮らしを営んでいるようだ（『進化と人間行動』東京大学出版会）。第3章で説明するように、富の蓄積つまり貧富の差が現れたのは、人類が農業を始めるようになった一万年前以降と考えられている。現代社会の一部で見られる一夫多妻は、体格差ではなく、貧富の差を背景として二次的に生まれたと考えられそうだ。

初期人類の夫婦関係について、さらなる手掛かりを与えてくれるのが犬歯だ。

チンパンジーのような多夫多妻の集団では、集団内の順位がメスの獲得に関係するだけに、オスの争いはやはり厳しい。ゴリラのように体格に性差が際立つことはないが、チンパンジーの犬歯の性差は大きい。

一方、まえに紹介した通り、人類の犬歯は小さくなる方向に進化した。人類が一夫一妻の安定した関係を維持するようになったと想定してみる。その場合、オス同士の争いは一時的なものになり、犬歯の大きさが意味を持たなくなった可能性がある。

「〝ちぎりを結んだ〟メスに食糧を運ぶことで安定して子孫を残し、もうオス同士で犬歯を見せつける必要はなくなった」

犬歯の縮小はそんなシナリオを示唆する。オスにとっての繁殖成功への切り札が、「集団内の順位」という地位から、「食糧」という実利へと変わったのかもしれない。

類人猿の中で唯一、一夫一妻のテナガザルを見ても、体格や犬歯に性差が見られない。ただ、犬歯に性差はないといっても、人類のように小型化はしていない。これは、テナガザルが厳格ななわばりを持つことに関係しているといわれる。

人類の特徴であるメスの発情期の喪失が、このころの安定した男女関係に貢献したという話もある。「そうかもしれない」と思うが、ここでは可能性を指摘するにとどめたい。

人類進化を巡って有力とされる食糧提供仮説を見てきたが、なにせ、もう見ることができない世界のことだし、行動は化石にならない。初期人類の行動や好みを化石から読みとるのは難しい。だから、もっともらしく響いても仮説の域を出ない。

ラブジョイ博士が主張する「猿人の男女の体格差が現代人並みに小さい」という説にも異論はある。研究の対象とする化石に偶然、大男が入っていたら体格の性差は大きくなるし、たまたま体格の良い女性が入っていたら性差は小さくなる。見つかる猿人化石の数はまだ少なく、結論は出ていない。

また、直立二足歩行が一つの理由ではなく、いくつかの理由が重なり合って進化してきたとも考えられる。ほかの説も紹介してみよう。私たち現生人類は、いろいろなことを考える動物なのだと改めて感じるのではないだろうか。

エネルギー効率説

米国の研究者がチンパンジーと現代人の歩く効率を比較してみたら、現代人のほうがチンパンジーよりも効率的に歩いたという。同じ速さで歩いたときに、体重当たりどれだけ酸素を消費するかを比べたところ、現代人のほうが効率が良かったのだ。

歩く効率が上がれば、まばらに生えるあちこちの樹木にでかけ果実などの食糧を探すことができる。運が良ければ、草原で肉食獣が食べ残した死骸を見つけられたかもしれない。それが直立二足歩行の利点だったのだろうか。

「なるほど」と思えるのだが、残念ながら、ここで問題が持ち上がる。

私たちが比較すべきなのは、進化したばかりの人類の歩く効率と、人類に進化する一歩手前の類人猿が歩く効率だ。直立二足歩行を獲得した人類が、その直前の類人猿よりも効率がよくなっていれば、問題は決着しそうだ。

しかし、直立二足歩行を始めたころとされる人類の化石は断片的で、歩き方を完全に再現することはできない。人類の一歩手前の類人猿はといえば、全く化石が見つかっていない。そこで、「次善の策」として、研究者は現代人とチンパンジーを比較したのだ。

根強い批判は、この次善の策の是非にある。

初期人類の歩き方を再現することはできないにしても、その効率は現代人よりも劣っていたらしい。直立姿勢を保つための筋肉がつく骨盤の形をみると、進化してから随分と時間がたった四百万～三百万年前の猿人の化石でも、現代人とは違う形になっている。木登り生活の名残のせいか、その歩き方は現代人ほどなめらかではなかったと考えられている。

そんな初期人類の歩行エネルギーを、現代人の歩き方で見積もるには無理がある。

また、実験に参加したチンパンジーが青年期だったことも批判の対象になっている。若いころは体の基礎代謝が大きく、見かけ上、歩く効率が悪くなる可能性があるのだ。その後、大人のチンパンジーでの追加研究はなく、この問題にも決着はついていない。

さらに、そもそも現代のチンパンジーから、人類が進化した当時を推し量るには無理があるという指摘もある。

チンパンジーだって進化する

現代に生きている動物のうち、人類と最も近縁な動物がチンパンジーであることは、体の構造を見ても、第6章で紹介するように遺伝情報から見ても、ほぼ確実と言えるだろう。しかし、このことは「人類がチンパンジーから進化した」ということを意味するわけではない。

私たちは、人類が進化してきたことに目を奪われてしまうが、チンパンジーの側からすれば、彼らだって人類との共通祖先から枝分かれしてから進化しているのだ。チンパンジーの進化が止まっているわけではない。

この章のはじめで、初期人類を「立っただけのチンパンジー」という比喩《ひゆ》で紹介したが、こうした表現も厳密にいうと誤解を招きかねない。あくまで、大まかなイメージをつかむための比喩として受け取って欲しい。

初期人類の脳容量が四百cc弱で、現在のチンパンジーとほぼ同じことから、チンパンジーは脳の大きさという点では進化していないようだ。しかし、ほかの点ではチンパンジーの進化は分かっていないことが多い。

不思議なことに、チンパンジーの化石は全く見つかっていない。人類と枝分かれする前を見ても、千三百万年前から人類化石が出始める七百万年前までのアフリカの地層では類人猿の化石が出てきていない（図1―6）。例外的に約九百五十万年前の化石（サンブルピテクス）が見つかっているが、これは上あごの骨が一つ出ているだけで、歩き方など詳しい

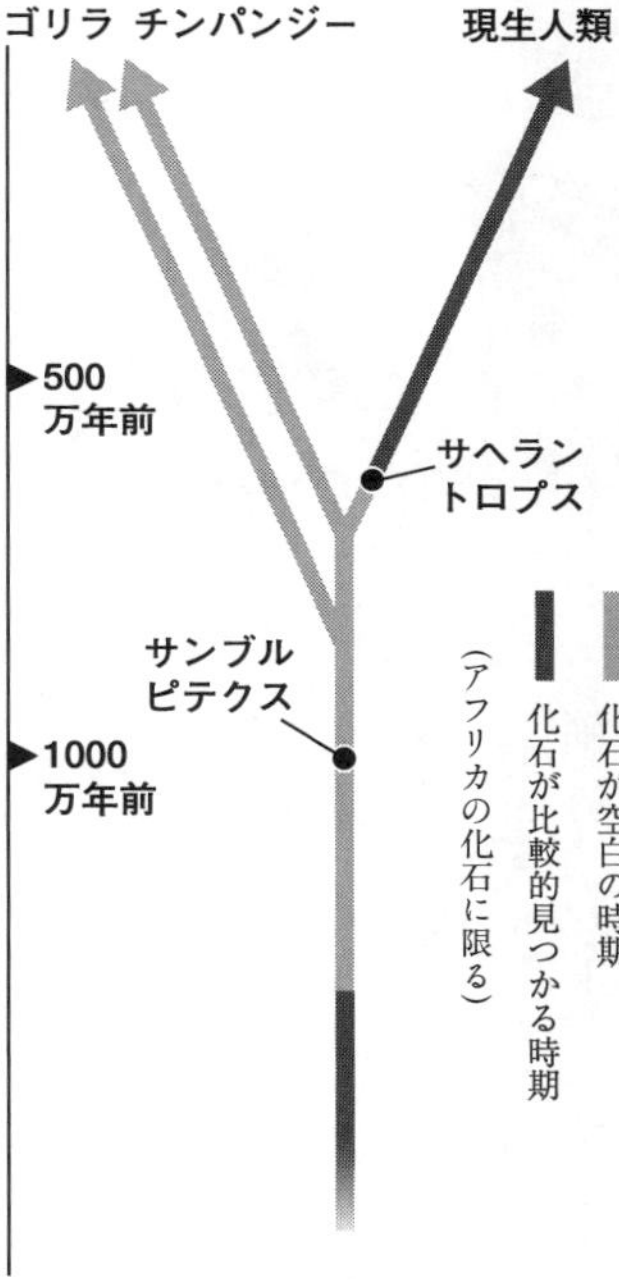

図1―6　チンパンジーの進化を明かす化石は見つかっていない

生態はわからない。

チンパンジーの化石が見つからない理由には、「彼らが人類よりも湿気の多い熱帯雨林の奥深くで暮らしていたために骨が腐敗しやすく化石になりにくかった」とする説や、「研究者が注目を浴びる人類の化石をより熱心に探す傾向がある」という話がある。とはいえ、もともとの姿がわかれば、人類になって獲得した特徴をより明確に浮かび上がらせることができる。その意義は大きく、京都大学の中務《なかつかさ》真人助教授らの研究チームが地道な発掘を続けている。

写真1－4　チンパンジーのナックルウォーキング
(提供：林原類人猿研究センター)

さて、歩き方の話に戻ろう。

証拠がない以上、人類の一歩手前の類人猿が、現在のチンパンジーのような伸ばした指の先を地面に付ける歩き方（ナックルウォーキング＝写真1－4）をしていたとは言い切れない。樹上から地面に降りたとき、ナックルウォーキングではない歩き方をしていた時期があった可能性がある。その後、チンパンジーがナックルウォーキングをするようになり、人類は直立二足歩行を始めたという筋書きだ。

米国の研究者は、初期人類の化石の手首にナックルウォーキングの痕跡が認められるとし、人類の二足歩行の前段階はナックルウォーキングだったと二〇〇〇年に指摘した。ただ、例によって、断片的な化石の解釈には異論がつきまとい、まだ決定的な証拠とは見なされていないようだ。

ここでは、人類に進化する一歩手前の歩き方もまだはっきりしていないということを気に留めておき、ほかの説を見ていくことにしよう。

その他の説

「日射病回避説」

夏の浜辺に海水浴に出掛けたときのことを想像してみて欲しい。意識して全身を焼こうとしない限り、多くの場合、肩や首筋が最も日焼けするだろう。子どものころ浜辺で遊んだ日の夜は、肩がひりひりして風呂につかりきれなかったことを思い出す。

しかし、肩だけで済んだのは、私たちが立って歩いているからだ。四本足で歩いていたら、どうだろうか。きっと、背中全体が日光の直射を受け続け、ひどい日焼けに悩まされるだろう。あるいは、背中が火照って日なたには長時間、出ていられないかもしれない。

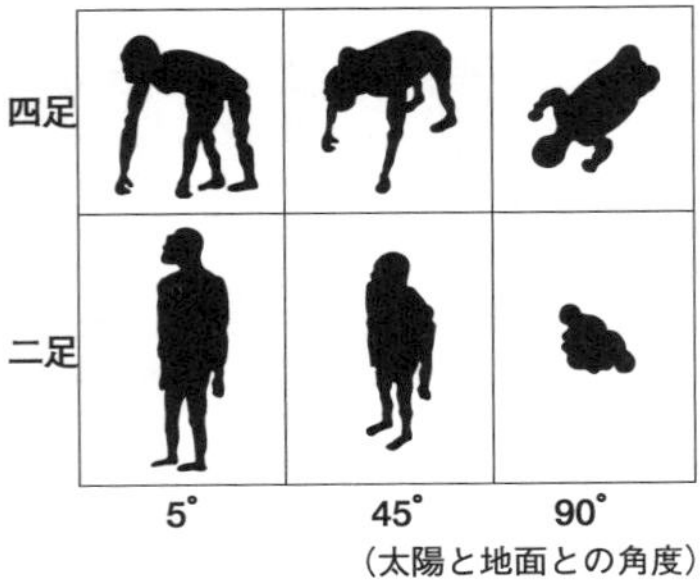

図1−7　四足と二足での日射を受ける面積の違い

「Journal of Human Evolution Vol.13, p94（1984年）」をもとに作成

初期人類が、森の縮小に伴って草原にも出て食糧を探すようになったのであれば、カンカン照りの草原での活動に耐えられるように、日射を受ける面積が少ない二足歩行を始めた可能性がある（図1−7）。

また、二足歩行する人類の頭は、四本足の動物よりも高い位置にくる。地表近くで地面からの照り返しを受けるより、高い位置のほうが、頭が熱くなりすぎるのを防げるという。高い所では、地表面より涼しい風も吹く。

「わかりやすい」と思えるのだが、ここでも、やはり問題が持ち上がる。姿勢が違うことで、サバンナでの活動時間が生存に有利なほど増えるかどうかについて、意見が分かれている。この説を主張する英国の研究者の試算では、二足歩行のおかげで日射病にならずに活動できる時間は三時間以上も増えるという。しかし、別の研究チームが試算すると、わずか十三分しか増えなかった。

また、そもそも人類が生まれたばかりのころの環境は、完全な草原ではなく草原や森が混在する環境と考えられるようになってきているだけに、日射が激しいときには木陰で休めたはずだ。何もカンカン照りのときに活動しなくても夕方や朝に食糧を探しに行けば良いではないか、との批判も多い。実際、熱帯地域に生きる現代人、さらには霊長類も、暑さによる体力の消耗を防ぐため真昼は涼しい所で休憩することが多いという。

「威嚇、視野拡大説」

チンパンジーはけんかをするとき、立ち上がって相手を威嚇する。自分の体を大きく見せて相手を驚かすわけだ。毛を逆立てたりもするらしい。

ここから着想を得ているのが、威嚇説だ。草原には凶暴な肉食獣がいる。立ち上がることで自分を大きく見せ、肉食獣の襲来を防いだという。

また、立ち上がることで視野が広がるということもある。高い所ほど見通しがいい。これは、視野拡大説という。肉食獣が近くにいるのを早くに察知できるからこそ、危険な草原へも食糧探しに出掛けられるようになったと説く。

いずれも、二足歩行の利点ではあるだろう。しかし、これらの説では「必要なときだけ立ち上がればいい」ということにもなる。必ずしも、日常的に立って歩く必要はない。

アフリカの草原に暮らす「パタスモンキー」というサルは、四本足で歩いたり走ったりしているが、ときどき、二本足で立ち上がり外敵がいないかどうか確認するそうだ。

「アクア説」

この説は、初期人類が海辺で暮らすようになり海中生活への適応の結果、直立二足歩行が進化し、さらに体毛が薄くなり、涙や汗も生まれたという。海中に入ることで二本足で立つことはあるだろう。泳ぎが下手なら、二本足で立つほうが深い所まで行ける。

海中では毛がダウンジャケットのような保温効果を発揮できないため、体毛が薄くなった。そのかわりに、体温を保持するための別の手段として、皮下脂肪を発達させたという道筋を描く。確かに、クジラなど海に暮らす哺乳類の一部も同様の特徴を持つ。次に、涙や汗だが、海中生活をしていたころは塩分の摂取量が多く、涙や汗として余分な塩分を体外に排出していたという。

この説を唱えるエレイン・モーガン氏の著作『進化の傷あと』(どうぶつ社)などは、語り口も巧みで、「なるほど」と思ってしまったりするのだが、専門家の間では極めて評判が悪い。異端の説が時代が変わって花開くことは科学の世界によくあり、人類学もその例外ではないが、果たして、この説はどうなのだろうか。

アクア説のシナリオは、海の中の生活に適応し、その後、陸に戻ったということだ。しかし、海中への適応は、それほど容易ではない。海の中にはサメなど捕食者がいる。クジラのように体を大きくして体格で外敵を圧倒したり、イルカのように素早い動きが求められるだろう。これらの動物がいかに海へと適応していったのか、化石から段階を追って見ることができる。

一方、人類化石からは、海への適応の経過を読みとれない。海に本格適応していたのであれば、貝殻とともに多くの化石が見つかるはずだが、そうした例も皆無だ。人類が現在の海生哺乳類の一部と似たような見かけを持つと解釈するのは自由だが、人類が海で生活した痕跡は現状では確認されてない。

体毛が薄くなった理由については、汗による体温調節との関係が指摘されているが、これは第2章で紹介したい。

直立二足歩行の起源について、最後にそのほかの説を簡単に紹介して終わりにしよう。

人類のアフリカ起源を言い当てた洞察力はさすがのダーウィンだったが、初期人類の姿は間違っていたようだ。ダーウィンは、「二足歩行」「高い知性」「道具を作る能力」といった人類の特徴が一度に現れたと考えていた。

「二本足で立ち上がり、自由になった手で道具を作り、繁栄への足がかりを築いた」というダーウィンの説は化石や遺跡の証拠から否定されている。石器などの道具を本格的に作り始めるのは、人類が誕生してから四百万年以上たってからのことだ。

地上での生活を始めた初期人類が枝になる果実などを取るために立ち上がり、これが日常的になったとする説もある。しかし、四足から二足になると、走る速さや機敏さが失われる。エサを取るための一時的な恩恵だけでは、失うもののほうが大きいと批判される。ここでも「必要なときだけ立ち上がればいい」ということになる。立って歩かなくてもいい。

ほかに、重力に逆らって太陽のほうへと成長する樹木の遺伝子（ウイルス）が人類の祖先に入り込み、人類は樹木のようにまっすぐ立つようになったという説もある。

ウイルスと言えば、こんな話もある。二〇〇四年にイスラエルの動物園で胃腸の病気で死にかけたサルが、奇跡的に病から生還を遂げた後、二本足で歩き始めたという。「臨死体験を経たサルが二足歩行」と、米国の通信社が世界にニュースを発信し、日本のワイドショーでも取り上げられた。「人類進化は臨死体験がもとなのか」といった指摘も飛び出した。

とにかく、多くの人が人類進化の謎に思いを巡らせているということなのだろう。

進化は偶然？

人類が直立二足歩行を始めたきっかけを見てきた。

ここで注意しておきたいのは、生命の進化は偶然に起きるのであって、常に最適な方向へと導かれるわけではないことだ。神様が、人類の繁栄を願って、体の設計図を書いているわけではない。

次の二つの文を読み比べてみて欲しい。

A　人類のオスは、メスへ食糧を運ぶために二足歩行に適した体に進化し、繁殖する機会を増やした。

B　二足歩行ができるように進化した人類のオスは、メスに食糧を運ぶことで繁殖の機会を増やした。

進化は目的を持って進むのではなく、遺伝子に起きる偶然の変異、それがもたらす体や行動の変化がそもそもの始まりだ。生物は目標を持って、何かをする「ために」進化するわけではない。「ある遺伝子の変異で獲得した性質が、そうでない個体よりも優位だった（つまり繁殖に成功した）かどうか」が問題だ。

さきほどの二つの文章で、進化を考えるうえでは「B」のほうが適切だろう。繁殖に有利であれば、その進化をもたらした遺伝子の変異が集団に広まりやすくなる。これまでに見た二足歩行を巡る仮説の多くが「性」や「食糧」に関係しているのも、繁殖に強くかかわる要因だからだろう。

非常に有利であればすぐに集団に広まるし、少しだけ有利だったら集団に広まる前に何かの拍子に繁殖に失敗して消えてしまうかもしれない。有利や不利の程度が大きくなければ、いずれの場合でも自然選択というより偶然に集団に広まることだってある。「なぜ進化したのか」と、その理由を知りたくなるものだが、進化は原因と結果がいつも結びつく合理的なものだけではない。

ただ、二足歩行の場合は骨格が大きく変わり、進化したてのころは不安定だったことが予想されるだけに、そうした欠点を補うだけの利点があったと考えるのは妥当だと思う。目的をもって進化するわけでなくても、自然選択の力が働いて獲得した特徴であれば、その自然選択をもたらした背景を探ることで、生物の進化と環境とのかかわりを浮かび上がらせることができる。

「キリンの首は高い所にある木の実を食べるため（A）」に進化したわけではなく、「たまたま長い首を持ったキリンが高い所にある木の実を食べて（B）」繁栄した。言葉のうえでの微妙な違いで、表現をわかりやすくするために、「A」のように書かれることもあるが、背景にあるのは「B」のような考え方であることを気に留めておきたい。

なぜ人類だけが二足歩行？

人類学の講演会に出掛けると、最後は「会場からの質問」のコーナーになる。その時によく出る質問がある。

「人類と同じような環境の変化を経験した動物は多いはずなのに、なぜ人類だけが二足歩行を始めたのか」

素朴な疑問に、私も、はっとした。確かに、ヒヒやパタスモンキーなどのサルは草原で暮らすのに、四本足のままだ。なぜ、人類だけが……。

この答えのヒントになるたとえ話を紹介してみよう。

同じものを見ていたとしても、ひらめく人と、ひらめかない人がいる。新聞記者の仕事でも、そうだ。同じ話を取材しても、問題点を鋭くついて社会性のある記事を書く記者もいるし、「まぁいいか」となる記者もいる。同じことを経験しても、それまでの蓄積がものをいう。

だいたい、想像できたのではないかと思うが、さきほどの質問への答えは、二足歩行をするための骨格の準備がその時点でできていたかどうかということだろう。進化の出発点は、到達点と同じくらい重要なのだ。

枝渡りや木登りのため体の軸が地面に対して垂直に近くなっていれば、常に四本足で移動する動物に比べて直立二足歩行への変化は容易だ。人類の祖先が比較的、二足歩行をしやすい骨格を持っていたことが、同じような環境変化を被った動物との運命を分けたということかもしれない。

もちろん、人類に進化する一歩手前の動物が、直立二足歩行に備えて、体軸を垂直にしていたわけではないだろうが……。

これは「前適応」という進化の現象だ。

わかりやすい例として、羽毛の進化を考えてみたい。

ここ数年、中国から羽毛を持つ恐竜化石が見つかっていることから、最近は「恐竜の一部が進化して鳥になった」という考え方が定着してきている。しかし、羽毛はそもそも空を飛ぶために進化したわけではない。恐竜のころは、体温を保ったり異性を惹きつけたりする役割があったと考えられている。その羽毛が後に別の目的、つまり翼に転用され鳥は空を飛ぶようになったらしい。空を飛ぶための羽毛は、いきなり進化したのではなく、恐竜の羽毛という前適応を経て誕生した。

後世から振り返ると、「なんともうまくできている」と思うが、このようにうまくいかずに消えていった例のほうが多かったに違いない。いまとなっては、それがわからないだけだ。

前適応という進化の現象が教えてくれるのは、何かの特徴が進化したときに、その特徴が全面的に開花するまでに時間差がありうるということだ。たまたま保温効果に役立っていた羽毛が、数百万あるいは数千万年後に、「飛ぶ」という開花を遂げた。

「すぐには役に立たなくても時を経て開花する」というのは、何か教訓めいている。

逆にいえば、新たな進化の可能性はそれまでの状態に大きく左右されるということだ。「過去の呪縛《じゅばく》から逃れるのは難しい」ということでもある。

なぜアフリカだったのか

会場からの定番の質問をもう一つ。

「アフリカの類人猿は人類に進化したのに、アジアの類人猿はなぜ人類に進化しなかったのか」

アジアの類人猿は、テナガザルとオランウータンだ。同じ類人猿の系統だから、それなりに人類への「前適応」もあったように思える。なのに、なぜ、直立二足歩行をしなかったのだろう。

「チンパンジーの旺盛な好奇心が人類への扉を開いた」などとも言われるが、オランウータンの好奇心も負けていない。オランウータンは大きな幹のなかに巣を作っている昆虫を食べるために、幹の穴に小枝を差し入れ、チンパンジーのように昆虫を釣ったりする。また、熱帯特有の大雨のときには、大きな葉を樹上に作ったねぐらの上に張り、傘代わりにしたりもする。オランウータンの知能がチンパンジーより劣っているとは、言いきれない。


理由の一つとして考えられているのが、環境の変化だ。

アフリカでは急激でないにしても乾燥化の波が訪れたが、アジアの熱帯林は豊かでありつづけたのかもしれない。オランウータンもテナガザルも、ほとんどの時間を樹上で過ごすことを考えれば、豊かな森では地面に降りる必要がなかったとも思える。恵まれたアジアの類人猿は、人類に進化する機会がなかったのかもしれない。

人類への進化は、「前適応した祖先が折良く環境変化に出くわした」という偶然の巡り合わせの結果なのだろう。そのときに、直立二足歩行を促す遺伝子の変異が起きるという偶然も重なったのだろうか。

真相を突き止めるにはわかっていないことがあまりに多いが、研究者は断片的な証拠をつなぎ合わせ人類誕生の秘密に迫ろうとしている。

生命進化の歴史のなかで

さて、この章を締めくくるに当たって、人類の進化を、約四十億年といわれる生命進化の歴史の中で考えてみたい。四十億年前の微生物が進化を続け、命のバトンを私たち人類にまで渡し続けてきたことを思うと、改めて不思議な気持ちになる。

地球の生命の歴史四十億年を一年のカレンダーに見立ててみよう。そうすると、人類が誕生した七百万年前は、十二月三十一日午前八時三十分ごろになる。大晦日の朝、一年のやり残したことに思いを馳《は》せるころ、ようやく人類は生まれたことになる。

その一歩手前はどうだろうか。人類に最も近縁なチンパンジーやゴリラなどを含む類人猿が誕生するのは、約三千万～二千五百万年前だ。これは、十二月二十九日の午前七時ごろだ。

さらにさかのぼってみる。一般的にサルと呼ばれる霊長類が繁栄するのは、約六千五百万年前以降のこと。カレンダーをめくると、十二月二十六日午前二時の少し前だ。サルが生まれるのは、仕事納めを直前に控え、深夜を通り越した未明の残業をしているころだ。

この六千五百万年前という数字に、勘の良い読者はピンときたかもしれない。そう、この時代は白亜紀末と呼ばれ、恐竜が絶滅したころだ。恐竜がいなくなったおかげで、地球の生態系に余裕ができ霊長類が進化を始めたということらしい。大量絶滅は、次なる進化の母なのだ。恐竜絶滅は、巨大隕石の落下が原因だったと考えられている。恐竜には気の毒だが、巨大隕石は私たちの生みの親だったのかもしれない。

第2章　人間らしさへの道

現在のケニアに広がるサバンナの風景。サバンナは200万年前ごろから本格的に広がりはじめ、人類の人間らしさ獲得を促したとされる（提供：諏訪元・東京大学総合研究博物館）

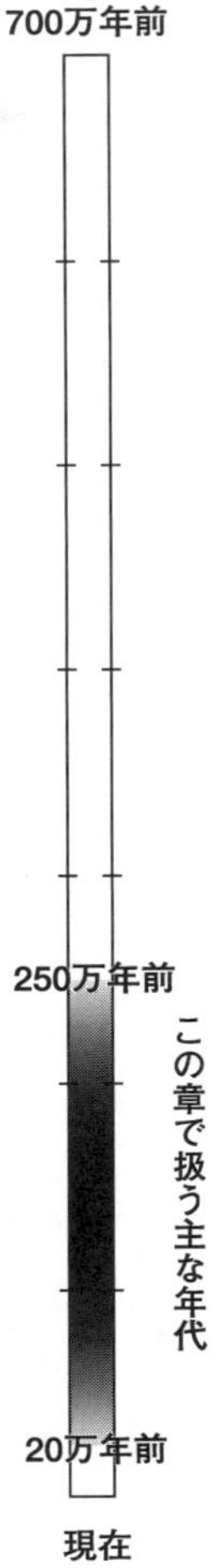

四百万年の停滞を超えて

約七百万年前に生まれたという人類だが、「脳の大型化」や「道具の本格的な使用」などの特徴が一度に進化したのではない。このことは前章でも紹介した。一気にではなくても人類は歩みを止めず、現生人類への道のりを着々と進んできたと期待したくもなるが、そうでもない。

人類は誕生してから約四百万年の間、脳の大きさが五百ccを大きく超えることはなかった。現生人類の約三分の一だ。人類進化の半分以上を占める四百万年という時間の長さにもかかわらず、脳の大きさや体格に劇的な変化がない。

この停滞はいったい、どうしたことか。長らく続いた停滞のわけを推し量るのは難しいが、停滞モードに終止符を打ったのは、気候の変化だと考えられている。

気候の乾燥化が森林を縮小させ人類誕生の背景となった可能性を前に紹介したが、人類を〝人間らしく〟したのも、アフリカで進んだ乾燥化らしい。三百万〜二百五十万年前以降になって、アフリカの大地にようやく草原（サバンナ）が広がった。一九九〇年代の前半までは人類誕生の現場とされていた草原だが、本格的に広がったのは人類誕生から随分と時間がたってからだったようだ。

草原で生きる人類には、それまでとは違う自然選択の力が働いたのだろう。その結果、体格が変わり、行動にも変化が出た。二百五十万～百八十万年前の化石から、当時の変化が読みとれる。

猿人は木登りの名残とされる長い手が目立ったが、このころの人類は身長が伸びて、足も長くなった。私たち現生人類とほぼ同じ体形になった。歩いたり走ったりするバランスがよくなり、草原を走り回るようになった。もう、マラソンだって走りこなせるほどだったともいわれる。地上での生活にすっかり適応したようだ。直立二足歩行を完成させたともいわれる。

脳も大きくなった。

石を砕いて石器も作り始めた。

石器を使って動物の骨から肉を素早くはぎ取って食べるようになった。

人類のゆりかごであったアフリカから旅立ち、すみかを世界に広げ始めた。

四百万年の停滞をうち破った進化は、人類誕生の場面と同じくらい重要な意義を持つ。

人類の呼び方も変わる。これまでサヘラントロプス、アウストラロピテクスなどと言われてきた属名は、ホモ属（ヒト属）となる。私たちホモ・サピエンスと同じ属になったのだ。

この章では、四百万年の停滞をうち破り、人類が〝人間らしさ〟を獲得していく道のりをみていくことにしよう。

大きな脳へ

人類の脳が大きくなり始めるのは、二百四十万年前ごろからだ。

この時代の人類は、「ホモ・ハビリス」あるいは「ホモ・ルドルフェンシス」と呼ばれる。ハビリスは体が小さく脳の大きさは約六百十cc、ルドルフェンシスは大型で約七百九十ccだ。二つの人類種を男女の性差による違いと考え、二種に分けずにホモ・ハビリスに統一する考え方もあるが、分類の問題はここでは立ち入らないことにしよう。

とにかく、大きな脳を持つ人類が見つかり始めることが大事だ。まだ現生人類の半分程度の大きさだが、四百万年にわたり三分の一ほどだったことを考えると、この変化は大きい。

図2—1に、人類の脳の大きさがどのように変化してきたのか、概略を示した。ホモ属

の誕生が、大きな転機になっていることが見て取れる。百八十万年前になると、脳の大きさは八百ccを超えてくる。ホモ・エレクトスの誕生だ。

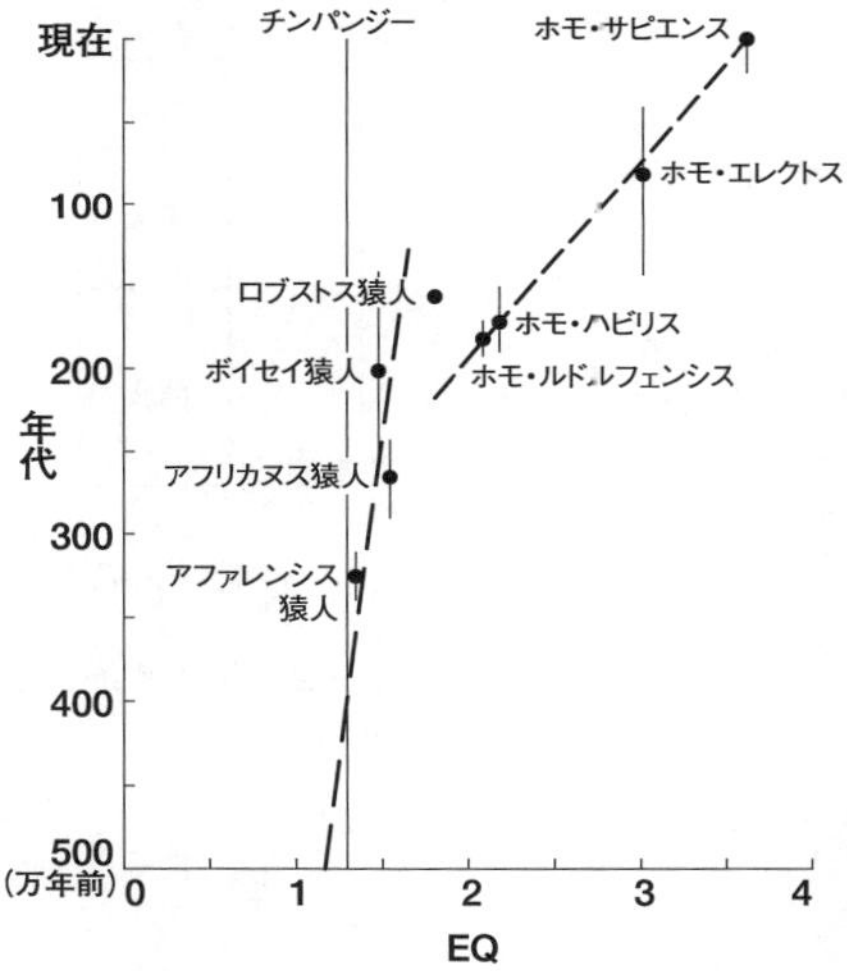

EQは、体の大きさに対する脳の大きさを示す指数。この値が大きいほど、体に比べて脳が大きいことを意味する
（●はそれぞれの人類化石の中心となる年代を示す）

図2－1　人類の脳の進化

「Paleoclimate and Evolution with Emphasis on Human Origins（Yale University Press)」を改変

原人・旧人という名称

「原人」という言葉は、ホモ・エレクトスという人類種を指す場合が多い。もともとは、

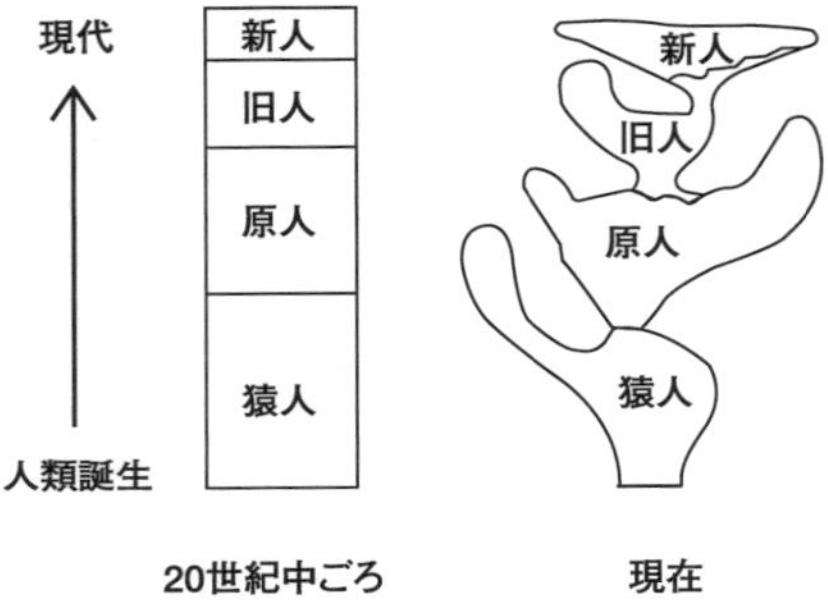

図2−2　猿人や原人という言葉のイメージの変遷

人類の進化を「猿人」→「原人」→「旧人」→「新人」という段階でとらえた場合に、北京原人やジャワ原人を含むグループを指す言葉だったらしい。

このような段階的な人類進化の構図が欧米で広まった二十世紀中ごろは、素朴な時代だったといえるかもしれない。人類が年代を追って、整然と進化してきたと考えられていた（図2—2）。

しかし、二十世紀後半から現在に至るまでの人類化石の発掘、年代測定の精度の向上は目覚ましかった。同じ時代に複数の人類種がいたことがわかってきた。欧米では、もう、こうした原人や旧人という言葉は使われないそうだ。「原人」などのもとになった英語表記を目にすることも、ほとんどない。

ホモ・ハビリスのような「猿人」と「原人」の中間段階の化石も見つかっている。こうした中間段階を原人に含めるのかどうか、はっきりせず、混乱を生みかねない言葉にもなっている。

ただ、カタカナでとっつきにくい名称を挙げるよりも、日本語で「原人」などといったほうがイメージを伝えやすい。新聞や本でもたびたび登場する。もともとの意味を日本独自に解釈し直し、カタカナの氾濫《はんらん》を避けるために原人や旧人という言葉を使う研究者もいる。

人類がたどってきた進化の段階をおおくくりに表現するために使われているのだ。この場合、原人は「脳の大型化が始まり、体形が現生人類に近づき、石器の本格的な利用も始める人類」といった感じの位置づけになろうか。

本書でも、一般的によく使われる原人という言葉を使おうと思う。ここでは原人を広義に解釈して、ホモ・ハビリスやホモ・エレクトスなどの人類を原人と呼ぶことにする。

繰り返すが、原人といっても、あくまで人類の進化の段階を大まかに示す名称なので、原人と呼ばれる人類の中にもそれなりに多様性がある。原人を細分化して五種以上もの人類がいたと主張する研究者もいるほどだ。そうした細かな人類種にこだわっていると、収拾がつかなくなってしまう。その辺は専門書に譲りたい。

旧人という名称は、現生人類に近づきつつも、現生人類になりきっていない人類の段階をおおくくりに総称する。ネアンデルタール人（ホモ・ネアンデルターレンシス）などが入る。旧人の中から現生人類が生まれてくるわけだが、すべての旧人が現生人類に進化したという構図ではない。

現生人類と同じ時代を生きた旧人も多い。どこからどこまでが旧人なのかを巡っては、やはり、研究者によって意見が分かれている。旧人というのは原人と現生人類の間に位置する、ちょっと中途半端な存在だ。

ここで念のため、注意しておきたいことを一つ。「中間段階の化石」「現生人類になりきっていない人類」という言葉は、人類が私たち現生人類になるべく進化を遂げてきたというイメージにつながりやすいが、そうではない。現代から振り返れば、中間段階に見えるということに過ぎない。現生人類が完成型というわけではなく、それぞれの時代の人類はおそらく当時の環境に適応し、その時代ごとに〝完成〟していたともいえる。前へ前へと進歩を目指す現代の感覚を、進化をとらえるときにそのまま応用するのは危険だ。進化というのは、より高度な存在を目指してはしごを登るようなものではない。

最後に「新人」という言葉だが、この言葉は現生人類を指す。

なぜ人類だけが大きな脳？

では、原人の特徴に戻ろう。

脳が大きくなってきたという話だった。そう聞くと、なんとなく、うれしく思うのでは

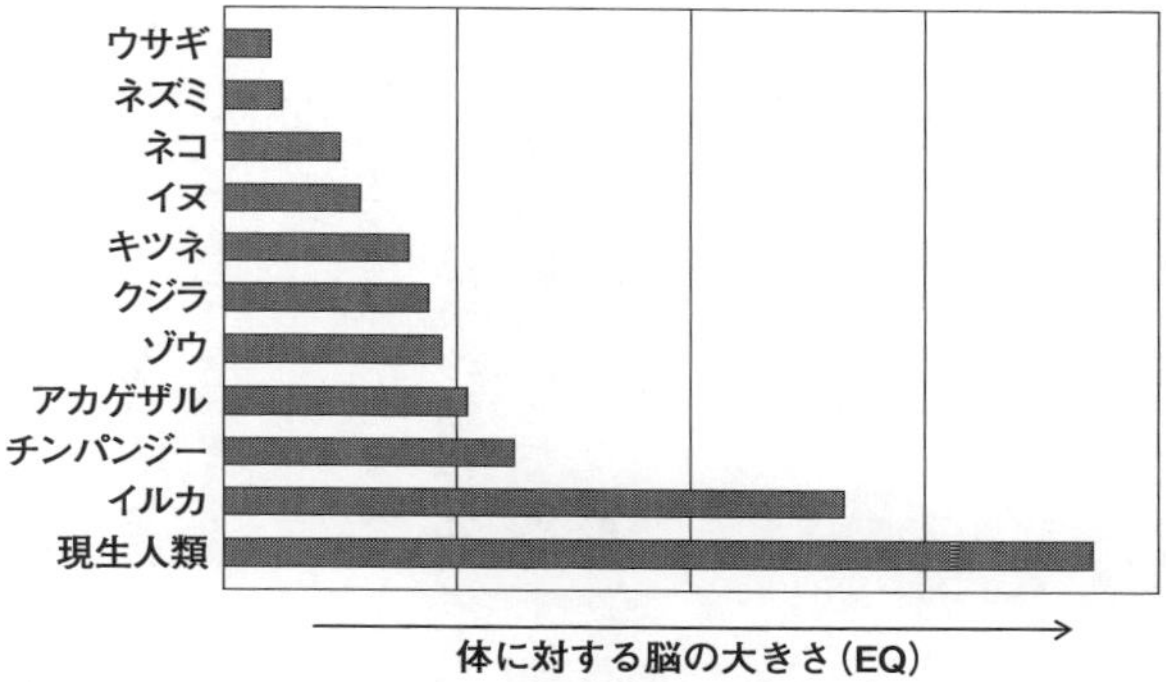

図2−3　主な動物の脳の大きさ
「Brain and Intelligence in Vertebrates (Oxford Science Publications)」より

ないだろうか。こうして私が文章を書き、また、あなたがこの本を読んでくれて「おもしろい」とか「つまらない」とか思うのも、脳のおかげだ。文化の基本は脳だろう。ようやく、その一歩を踏み出したのだ。

しかし、疑問に思わないだろうか。

「そんなに大事な脳なら、なぜ、人類だけが大きいのか。ほかにも、大きな脳を持つ動物がいてもいいではないか」

図2−3に、主な動物の脳の大きさを比較した。確かに現生人類の脳は大きい。この大きな脳で人類は可能性を広げたのだろうが、大きな脳はいいことばかりではない。

現生人類の脳は体重のわずか二％を占めるに過ぎないのに、その消費エネルギーは全体の二〇〜二五％にも及ぶ。安定して栄養を取り続けないと大きな脳を維持できない。現生人類ほどの大きな脳を持たない原人でも、消費エネルギーは全体の一七％になるという試算がある。脳を働かせるためのエネルギーは、ほかの霊長類では八～一〇％、哺乳類では三～五％ほどだ。

車にたとえてみれば、乗り心地がいい大型車はガソリンがいっぱい必要ということに似ている。大きな脳が繁殖に有利になる状況に出くわした人類は、脳の大型化に見合うだけのガソリンの補給に成功したようだ。

そして、ほかの動物の倍以上ものエネルギーを脳に費やすことになった。優れた特徴であっても、手にするには代償を伴う。

人類はいかにして、大きな脳を維持するエネルギーを得たのだろうか。

肉食が脳を大きくした？

大きな脳を支えたエネルギーは、高カロリーで栄養に富んだ食糧と考えられる。

それは肉だ。百グラム当たりのカロリーを比較すると、肉は二百キロカロリーだが、果実は五十～百キロカロリー、葉にいたっては十～二十キロカロリーしかない（『日経サイエンス』二〇〇三年三月号より）。

「肉をいっぱい食べるようになり、人類は脳を大きくできた」

そんなに都合良くいくものかと思うが、一応、証拠はある。

最古の肉食の証拠は、脳が大きくなり始める直前の約二百五十万年前のエチオピアの地層にあった。ウシ科の動物のすねや下あごの骨に、石器を使って肉をはぎ取ったような跡が残っていたのだ。

すねの骨にはうち砕かれた跡があり、当時の人類が中の骨髄を食べたと考えられている。「骨髄を食べる――?」。意外な気もするが、現在でもアフリカの狩猟採集民は、肉食獣が食べ残した骨を拾ってきて、骨を砕き骨髄を食べている。栄養いっぱいの骨髄は貴重な食糧になっている。

私たちに馴染みやすいのは、すねと一緒に見つかった下あごの骨のほうだ。レイヨウ類(ウシ科)の骨らしい。石器がつけた傷から推し量ると、下あごから舌を切り取っていたようだ。ウシ科の舌――。そう、〝牛タン〟だ。

柔らかくジューシーな牛タンは私も好物なのだが、ときどき、「ウシの舌か……」と想像すると奇妙な感じがしたりもする。しかし、最古の肉食の証拠にウシ科の舌があると聞くと、「歴史ある牛タン」という気分にもなる。今度、牛タンを食べる機会があったら、二百五十万年前の人類も食べていた伝統の食べ物であることに、少し思いを馳せてみてはいかがだろうか。

さて、この舌を食べていたのは、どのような人類か。

これらの動物の骨の近くから見つかっている約二百五十万年前の「アウストラロピテクス・ガルヒ」という猿人が、その第一候補に挙げられている。年代的には初期の原人のまさに一歩手前なのだが、脳の大きさは四百五十ccほどで、まだ原人の仲間入りを果たしていない。石器の利用は、脳の大型化に先行したということだろうか。あるいは、まだ見つかっていない初期の原人が食事を終えた後にどこかに立ち去り、そこで、たまたまこの猿人が化石になったのかもしれない。

ほかの人類化石が見つからない以上、ガルヒ猿人が石器を使って肉を食べた最古の人類という可能性が高そうだが、まだ「決定」というわけではない。これもまた、人類学の微妙で難しいところだ。

石器……第一の技術革命

最古の肉食の証拠を見てきた。これは石器を使って肉あるいは骨髄を食べた証拠だ。現代のチンパンジーが小型のサル（コロブス）を狩って食べることを考えれば、約二百五十万年前が「最古の肉食」というわけではないだろう。

おそらく、これ以前の初期人類も草原で肉食獣の食べ残しを見つけたら、それを食べたに違いない。また、ネズミの仲間など小型の動物なら捕まえて食べていたかもしれない。石器などによる人工的な傷がないと、人類の化石と動物の化石が一緒に見つかっても、人類が食べたのか、たまたま同じ所で化石になったのか、区別できない。あくまで二百五十万年前は、最古の肉食の「証拠」ということだ。肉食がどこまで、さかのぼるかはわからない。

ただ、二百五十万年前が最初の肉食ではなかったにしても、この時代に石器を使って肉を食べ始めたということに大きな意味がある。石器の登場は肉食の質を格段に高めたと考えられるからだ。石器を使えば大型の草食獣の皮をはぎ取りやすい。さきほど見たように、骨を砕いて中の骨髄を取り出すのも容易になる。肉食獣の食べ残しから、ハイエナなどのライバルが来る前に、肉を手際よくこそぎ取ることもできたはずだ。

鋭い歯も爪もない人類にとって、石器はすぐに必需品になったに違いない。草原に大型の草食獣の死骸を見つけたとき、石器があれば関節を切り刻んで安全な所に持って帰ることも容易になっただろう。

人類の食糧に植物の根や木の実、果実、虫のほか、哺乳類の肉が本格的に加わった。ハイエナと同じだ。石器を手に入れた人類は、ハイエナのような歯や筋肉などの肉体的な適応をすることなく、「霊長類のハイエナ」になった。「石器という技術を持つ二足歩行の霊

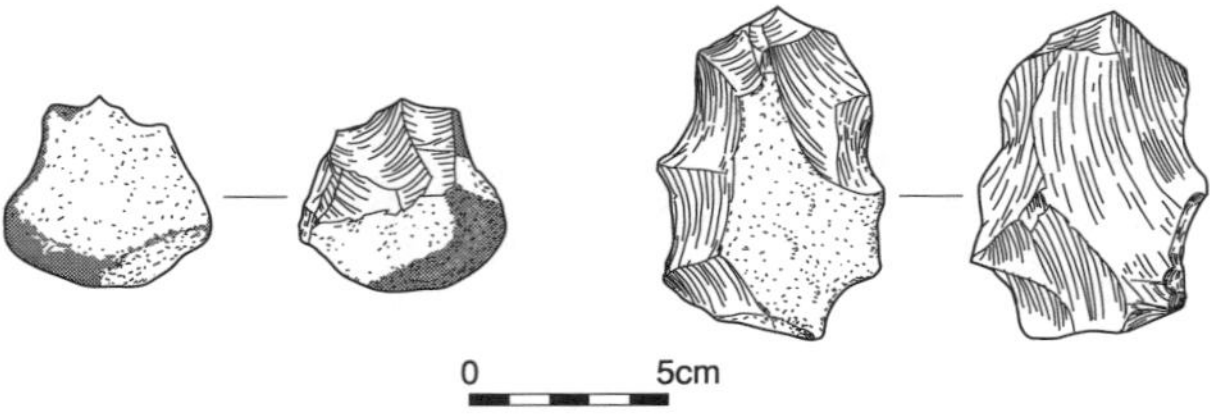

(2つの石器の表と裏をそれぞれ示している)

図2−4　人類最古の石器

「Nature Vol. 385, p336 (1997年)」をもとに作成

長類のハイエナ――。人類は、特別な存在になった」と米カリフォルニア大のティム・ホワイト教授は話す。

石器を使うようになってほどなくの約二百四十万年前に、脳の大型化への道を歩み出した初期の原人が見つかる。石器による肉食の効率化が、大きな脳を支えるエネルギーになったと考えても矛盾はない。

石器を使いこなすことは、行動面でも脳の大型化を導いた可能性が指摘されている。肉にありつける開けた草原だが、そこは肉食獣が獲物を狙って目を光らせている危険な場所でもある。俊敏に逃げることができない人類が、肉食獣の襲来から身を守るのは難しい。石器を投げつけたところで、肉食獣を追い払うことはできないだろう。

危険な草原へ食べ物を本格的に探しに行けたのは、計画を立て、協力して、さらに先を見通す能力があったからではないか。知力が試される環境に人類が出くわしたことで、脳が大きく知能にたけた人たちがより繁栄する結果に結びついたのかもしれない。「石器は、脳の増大に向けての扉を開く鍵だったのではないか」とホワイト教授は推測している。

石器は人類史における「第一の技術革命」と呼ばれるほど重要な意味を持つ。

ちなみに、石器を使った跡ではなく、石器そのものは二百六十万〜二百五十万年前のものが最古だ。「牛タンの食べ跡」とほぼ同時代で、発見された場所は「牛タンの食べ跡」があった場所から百キロほど離れた所だった。これらの石器は、大きさが五センチほどで、図2—4のような形をしていた。

チンパンジーだって道具を使うが……

石器の意義を紹介してきたが、チンパンジーだって石を使って殻の硬い木の実を割る。台座となる石の上に載せた木の実を、別の石を使って器用にうち砕く。

しかし、チンパンジーは残念ながら、人類のようには石器を作れないようだ。

米国の研究者が、ピグミー・チンパンジー（ボノボ）の協力を得て行った実験を見てみよう。このチンパンジーのカンジ君は、記号を使って研究者とコミュニケーションができるということで一躍有名になった〝秀才〟だ。

実験では、ひもでくくった箱の中に好物の果物などを入れて、カンジ君に石器のもとになる石ころを与えてみた。石を砕いて石器を作り、ひもを切ることができたらエサにたどり着ける。研究者は、その手法をカンジ君に身振りで教えた。

さて、カンジ君。練習ののちに、石片を作り出して箱の中の果物を食べられるようになった。しかし、人類が作り出したような切れ味のいい石器は、なかなか作り出せない。実験は粘り強く続けられた。カンジ君も頑張った。

片方の手に持った石ころに別の石をたたきつけるだけでなく、一メートル先に置いた石に別の石を投げつけて石片を作り出すという「カンジ君オリジナル」の石器作製法も編み出した。カンジ君は石器に鋭さが必要なことを理解していたらしく、石片に舌を当てて切れ味を確かめるようなそぶりも見せたという。

しかし、三年たっても人類が作るような石器はできなかった。粗末に見える初期の石器でも、石をうち砕く角度など巧みさが必要なのだ。当てずっぽうではできない。

第一線の研究者が秀才カンジ君に教えてもダメだったことなどから、多くの研究者は、チンパンジーは石をハンマーとして使って木の実を割ることはできても、鋭い切れ味を持つ石器を作り出すことはできないだろうと考えている。目標とする石器の形を思い浮かべ、それを作り出すためにどのような角度で石を打ち合わせるべきなのか、といった想像力が及ばないのかもしれない。

二足歩行の潜在力

精巧な石器を作り出すには、そうした想像力とともに、手先が器用であることも必要だろう。さきほどのカンジ君の実験で、彼が石を投げる手法を取ったのは、両手の石をたたき合わせるときに誤って指をヒットしてしまうのを避けるためではないかとも推測されている。樹上を動きまわるチンパンジーは枝を握るために手を使うが、人類は二足歩行のおかげで移動するときに手を使わなくなった。人類は手の構造に自由な変更が許されるようになり、器用な動きができるように進化した。

初期の人類が食べ物を運ぶために手を使った可能性を前に紹介したが、石器を作り出すようになって、手の本領は再び開花したといえそうだ。当時の人類がどの程度まで器用だったかはわからないが、二足歩行によって解放された手で石器を作り始めたことが重要だろう。石器を作ったおかげで肉食の効率は上がり、脳が大きく発達できるようになった。脳が発達すれば、さらに手先を器用に使えるという相乗効果もあったかもしれない。

第1章で、「獲得した性質が時間差をもって開花する」という「前適応」を紹介した。人類の直立二足歩行の利点も、随分と時間がたって、二百五十万年前以降に再び人類進化に大きな役割を果たすことになったといえる。

また、直立した姿勢のおかげで人類の脳は大きくなれた、との指摘もある。頭が垂れ下がるのを筋肉で支えなければならない四足動物に比べ、人類の脳は重心の上で安定しやすいからというのだ。これも直立二足歩行の思わぬ恩恵かもしれない。

長距離だって走れる

脳と石器、肉食の証拠を見てきたが、この時代の革新は、これらにとどまらない。それを教えてくれたスターがいる。

野球では長嶋茂雄、サッカーでは中田英寿――。どの分野にもスターがいるように、人類学の世界にもスターがいる。人類学の業界がほかと異なるのは、生きている人間だけでなく、すでに化石になってしまった名の知れぬ、おそらく名前というものがなかった時代の一個人でさえ、スターになりうることだ。

24ページで紹介した猿人「ルーシー」と並ぶ化石の大スターが、約百六十万年前のホモ・エレクトスの少年だ。ケニアで一九八四年、ほぼ全身がそろった状態で発見された。愛称は「ナリオコトメ(トゥルカナ)・ボーイ」。ナリオコトメとは、化石が見つかった地名に由来する。ボーイというのは文字通り、この化石が少年だったからだ。

ボーイが死亡した時点、つまり化石から推定した身長は百六十センチ弱、脳の大きさは約八百八十ccだった。大人になったときを推定すると、身長が百八十五センチ、脳は九百ccあまりということになる。身長が一メートルほどだったルーシーに比べて、すっかり長身になり、体形もすらりとしてきた。

写真2―1で、ルーシーとボーイの骨格を比較した。ボーイの足が長いことが一目でわかる。ほかの化石を調べた結果でも、猿人に比べて原人の足が長いことがわかっている。ほぼ現生人類に近くなった。

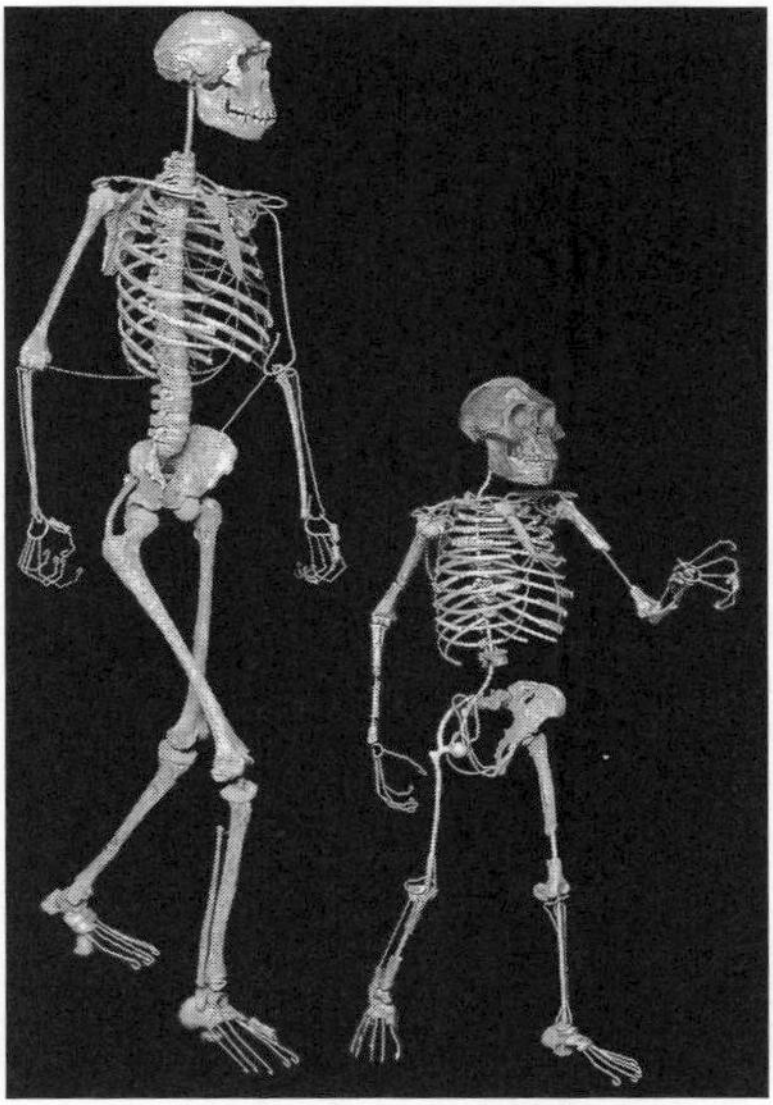

写真2―1
ボーイ(左)とルーシー(右)の骨格模型
(国立科学博物館常設展より)

おかげで歩幅が長くなり、歩く効率が上がっただろう。歩くだけではなく、原人の体形の変化は、長距離走を可能にして人類進化の原動力になった――。そんな研究成果を、米国の研究者たちが二〇〇四年、英国の科学誌『ネイチャー』に発表した。

アフリカの草原を走る肉食

獣をテレビで見ると、それに比べて人類はあまり優秀なランナーではないように思ってしまう。確かに短距離ではかなわないが、長距離を走る能力では、人類は四本足の動物に、ひけを取らない。一日に百キロも走ることができるというウマやイヌには負けるが、サルに比べると、人類は際立った長距離走者だという。一日に十キロくらいのジョギングを平気でこなす長距離ランナーは、いまのところ、人類をのぞく霊長類では見つかっていない。

ボーイを含め複数の人類化石を調べたところ、人類が長距離ランナーになった証拠は、原人の段階で現れ始めていることがわかってきたという。

まずは、さきほど紹介した足の長さ。長いストライドは距離をかせぐ上で欠かせない。また、走るときには、地面から強い衝撃を受けることになる。原人の骨格を調べてみると、地面からの衝撃があっても体の軸を安定に保てるように、腰などにつく筋肉が発達していた可能性がわかった。猿人のころにはなかった特徴だ。筋肉の発達の具合は、その筋肉のつく場所を確保するように骨が大きくなっていることから推定できる。

土踏まずも十分に発達し、衝撃を受け止めさらにバネの役目を果たすことで効率的に走れたのではないか、ともいわれている。

確かに長距離を走る骨格ができていたようだ。現代人は健康維持や気分転換のためにジョギングするのだろうが、原人はなにゆえ走っていたのだろうか。

「ハイエナに勝つためか？」と論文では可能性を挙げている。進化したばかりの原人は、肉食獣が食べ残した死肉を集めていたと考えられている。原人は長距離を走り抜くことでハイエナよりも早く獲物にたどり着けるようになったのかもしれない。おかげで、人類はアフリカの草原で優位に立てたという。

「長距離走こそが、人類進化の原動力であった」

そんな可能性が浮かび上がる。

「ハイエナに勝つため」というのは反論もありそうだが、この時期に長距離を走ったり歩いたりできるようになったことには多くの専門家が同意している。

人類が裸になった訳

走るためには骨格の変化も必要だが、体温調節も大事だ。

マラソン選手は走りながらでも水分を補給している。それだけ大量の汗をかくのは体を冷やすためだ。汗は蒸発するときに気化熱で体を冷やす。気化熱というと難しそうだが、水などの液体が蒸発するときに周囲から奪う熱のことをいう。夏の打ち水が涼しいのは気化熱のためだ。

汗が体を冷やすとき、「毛むくじゃら」より「裸」のほうが都合がいい。

体毛は皮膚の表面に断熱効果を持つ空気の層を作り、体温を保つ。体毛は天然のダウンジャケットになる。寒いときにはいいが、この断熱層があっては、せっかく汗をかいても皮膚表面の空気の流れが滞ってしまい、汗が蒸発しにくい。体の表面に密生する毛は、汗が全身に広がるのも妨害してしまう。これでは汗もだいなしだ。

だから、毛のある多くの動物は、汗で体温を調節しない。暑いときのイヌは舌を出し、そこから水分を蒸発させて、オーバーヒートを防いでいる。ウサギは大きな耳にある血管を拡張させて、放熱しているという。

さて、人類。毛が薄くなった時期を明かす化石は、残念なことに見つかっていない。最近は羽毛を持つ恐竜の化石が見つかっているが、毛を持つ人類の化石は発見されていない。毛のような柔らかい組織は、なかなか化石に残らない。「毛むくじゃら猿人化石」というものが見つかったら楽しいと思うが、なかなか難しそうだ。体毛が薄くなった時期は、ほかの証拠から想像するしかない。現代の研究者たちは、長い距離を歩いたり走ったりするようになった原人の時期と考えている。

「暑さの厳しい草原で走り回るには、汗による巧みな体温調節つまり体毛の喪失が必要だったのではないか」

状況証拠がそんな可能性を示している。

「汗による体温調節」と「体毛の喪失」がセットとして考えられる人類だが、アフリカの草原で生きるパタスモンキーというサルは、毛むくじゃらなのに汗で体温を調節している。パタスモンキーの毛は、強烈な日射から肌を守ったり、トゲのある木に登るときに、トゲが刺さるのを防いだりといった役目を持っているらしい。汗による体温調節の効率が悪くなっても、〝総合評価〟で毛のあるほうがよいのかもしれない。

人類は二足歩行の姿勢のために強烈な日射を受ける部分が少ない。第1章で紹介した通り、受ける日射を少なくするために二足歩行をしたというのは〝飛躍しすぎ〟のようだが、日射が少ないおかげで毛をなくしても大丈夫だったのかもしれない。日射を最も受ける頭は毛で守り、ほかの部分は皮膚を黒くして紫外線の影響を軽減したという説もある。

人類の大きな特徴であり、「なぜ」と知りたくなる「裸の訳」だが、そもそも、「汗による体温調節」→「人類が裸になる」という単純な話ではなく、まだわかっていない別の原因で人類の体毛が薄くなり、それがたまたま体温調節に役立っているだけという可能性もある。人類が裸になった理由はまだ、すっきりとわかっているわけではない。

ちなみに、毛むくじゃらなのに、〝工夫を凝らした〟汗でしっかりと体温を調節している動物もいるので紹介したい。ウマだ。ウマは人間を乗せて長い距離を走れるし、競馬では二千、三千メートルを楽に走りきる。

JRA競走馬総合研究所の楠瀬良さんによると、二千メートルのレースでウマは十リットルの汗をかくという。二千メートルを走る間の熱が蓄積されると、ウマの体温は五度も上がる計算になるというが、汗が体温の上昇を食い止めている。

しっかりと体温を調節できるウマの汗には秘密がある。ラセリンという界面活性剤が入っているのだ。界面活性剤は石鹸の成分。ウマの汗は、この界面活性剤の効果によって、水が馴染みにくい毛にはじかれることなく全身に広がる。おかげで、汗は全身の皮膚からとどこおりなく蒸発し、体は効率的に冷える。

レースを終えたウマの首筋が白く見えるのは、手綱でこすれた〝石鹸〟混じりの汗が泡立った跡なのだそうだ。

ゆっくりと成長？

人類の話に戻ろう。

未熟な新生児がゆっくりと時間をかけて成長するのは人類の特徴の一つだが、この「人類のゆっくり成長」が原人のころに進化した、とかつては言われていた。ナリオコトメ・ボーイの研究から、次のようなシナリオが紹介されてきた。

「ボーイの骨盤を分析すると、原人の新生児の脳の大きさは、二百七十五ccと考えられた。これ以上の大きさになったら、赤ちゃんが産道を通り抜けられなくなる。この二百七十五ccの脳を持つ赤ちゃんが、類人猿と同じ成長の過程をたどるとすると、大人になっても六百cc以下にしかならない。しかし、ボーイは八百八十ccの脳をもっていた。これは、脳が成長する期間が原人では長くなっていたことを示唆する。つまり、〝人類のゆっくり成長〟は、原人のころにさかのぼる」

つじつまが合っていてわかりやすいが、ボーイの化石を発見した研究チームの中心メンバーで、骨盤の研究も行った米ペンシルベニア州立大のアラン・ウォーカー博士は現在、自らの成果を否定している。ウォーカー博士らは骨盤の研究の後、歯の化石から原人の成長する速さを調べてみた。

歯のエナメル質には、木の年輪のように成長の痕跡が残されている。年輪が一年周期なのに対し、エナメル質にはほぼ九日ごとの周期で縞《しま》が残る。このエナメル質を、ボーイを含めた原人、類人猿、現生人類などで比較したところ、「原人の成長は、類人猿並みに速い」という結果が出たのだ。二〇〇一年に、科学誌『ネイチャー』に発表している。

するど、先ほどの骨盤の話はどうなるのか。

この疑問に対して、ウォーカー博士は電子メールで次のようなコメントを寄せてくれた。

「ボーイの骨盤から新生児の脳容量を推定したときに、ボーイの成長後の骨盤の大きさ、男性から女性の骨盤への変換などで、間違いが起きた可能性が大きい。より確実なエナメル質の証拠から成長が速かったことがわかった。骨盤の研究は当時としては最善のものだったが、いまから振り返れば間違っていたのだろう。人類学は、過去の研究が間違いであったことを示しながら発展する」

ボーイが見つかった当初、死亡推定年齢は十二歳と試算されていたが、エナメル質の研究により八歳に引き下げられた。そして、ウォーカー博士は現在、原人の新生児の脳が四百ccに近かったとすれば、類人猿のように速く成長しても、八百〜九百ccの成人の脳に達すると考えている。「人類のゆっくり成長」は、原人よりも現生人類に近づいてからの可能性が高いことになる。

当の本人が否定した「原人はゆっくりと成長した」という仮説だが、実は依然として支持者が多い。歯の研究に対する評判がよくないのだ。まず、歯の成長には個人差が多く、限られた標本から決定的なことを言える段階ではないと批判される。さらに、エナメル質だけで体全体の成長を推定するには無理があるとの見方も強い。歯の成長がいつも、脳や体の成長に歩調を合わせているとは限らない。歯だけ速く成長することもありうる。米イリノイ大学のジェイ・ケリー博士は「原人が九百ccの脳を持っていたことは、成長パターンが現生人類のような方向に転じていたことを示唆する」と話す。

研究が進み従来の説が補強されるとすっきりするのだが、新しい研究が新たな混迷をもたらすことが、人類学の悩ましさでもある。こうした例を聞くと、ほかの説は大丈夫なの？　という気もしてくる。やはり仮説は注意深く聞いておいたほうがいいようだ。

石器の使用
肉食の効率化
脳の大型化
現生人類並みの体格
行動範囲の拡大
体毛の喪失？
ゆっくりと成長？

表2—1　原人の時代に起きた変化

さて、猿人から原人にかけての時代（二百五十万年〜百八十万年前）に人類に起きた変化を見てきた。なかなか、盛りだくさんだった。**表2—1**に改めてまとめてみた。この章のはじめで、これらの進化のきっかけが気候の乾燥化である可能性に触れたが、その証拠を次に紹介してみよう。

草原の本格的な広がり

過去の気候は、生命の進化と同じように限られた証拠から推定するしかない。いろいろな方法があるが、それぞれに長所や短所がある。ここでは、動物の化石を使った手法を見ていこう。

	草原を好む種	森林を好む種
270万年前	3	12
260万～250万年前	16	6

（260万～250万年前に草原が広がったことを示唆する）

表2−2　アフリカでのウシ科動物の変化
「Paleoclimate and Evolution with Emphasis on Human Origins（Yale University Press)」を改変

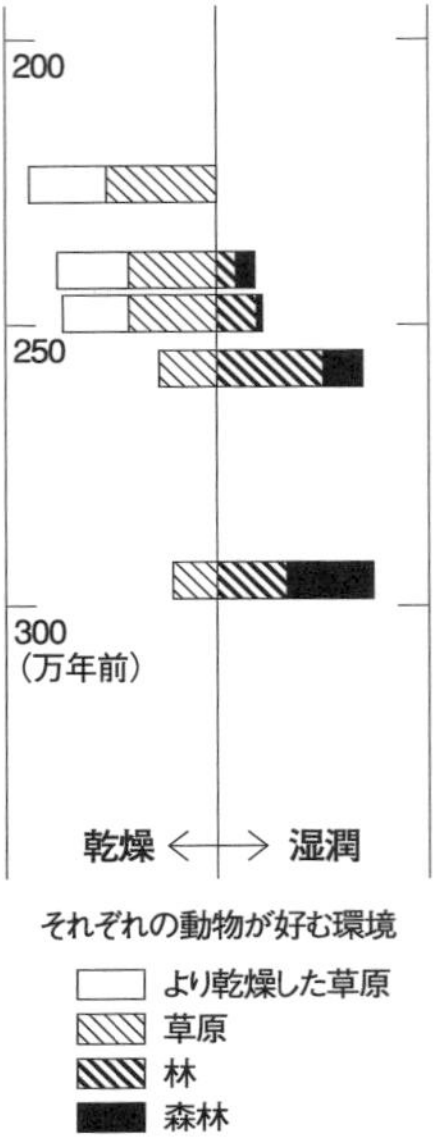

図2−5　東アフリカの小型哺乳類の変化
「Paleoclimate and Evolution with Emphasis on Human Origins (Yale University Press)」を改変

気候が変われば、生きる動物も変わる。当時のアフリカで気候の変化があったのであれば、森林や草原の分布が変わり、繁栄する動物も移り変わったはずだ。そうした動物の変化から気候を推定しようという戦略だ。

ここでの手掛かりはウシ科の化石だ。ウシ科には、現在の家畜のウシをはじめ、バイソンやヒツジ、ヤギも入る。ウシというと草原で草を食べている印象が強いが、樹木の繁った所で木の葉を好む種類もいる。二百七十万〜二百五十万年前にかけて、アフリカで誕生した新種のウシ科を、草原を好む種と森林を好む種に分けて、それぞれの種数を表2—2に示した。二百六十万年前をさかいに、草原を好む種が急増していることがわかる。ほかに小型哺乳類の化石を調べた研究でも、三百万〜二百五十万年前にかけての東アフリカでは、森林で生きる種は激減し、乾燥した草原を好む種が繁栄してきたことが示されている（図2—5）。

ただ、動物にしても、見つかる化石が当時の状況をそのまま反映しているわけではない。場所によっては、たまたま多く見つかる化石もあるだろう。そのため、研究者ごとに考え方が違う事態になる。一九九七年に米国の研究者が発表した論文では、東アフリカの哺乳類に変化が起きたのは二百五十万〜百八十万年前ということになる。約七十万年間かけて徐々に乾燥していった可能性を示している。

年代や乾燥化の進み方は研究者によって違いがあるものの、初期の原人が誕生したころに相前後して、アフリカで草原が広がったことは確かなようだ。地球規模で見ても、三百万〜二百五十万年前ごろには北半球に氷河が広がり、寒冷化や乾燥化が進んだと考えられている。多様な生物をはぐくむ地球は長い時間のなかでその表情を変え、生命に進化と絶滅のきっかけを与えてきたということかもしれない。

一方、気候が変化したときに都合良く原人が進化したというのは出来過ぎだし、気候変動と人類進化を安易に結びつけることに慎重な研究者もいる。米カリフォルニア大のティム・ホワイト教授はその一人だ。

ホワイト教授は次のようなたとえ話をした。

「午後六時に雨が降り出して私が急いで帰るのを見かけた人は、雨のせいで私が帰ったと思うかもしれない。しかし、私は夕食を食べるために六時に帰るだけのこと。雨が原因ではない。たまたま雨が降り始めたに過ぎない」

気候の変動と原人の進化が関係するように見えたとしても、それは単なる偶然の一致かもしれない。ホワイト教授は「限られた証拠しか手に入れていない私たちは、常に慎重であるべきだ」と強調する。

アフリカを出る

人類が進化してきた足取りを追ってきた。いろいろなことがあったが、これまでのことはすべて、アフリカで起きたことだ。アフリカを出たのは約百八十万年前のことらしい。地上の隅々まで生活の場を広げている現代人の感覚でとらえると不思議な気がするが、人類の進化史の半分以上はアフリカに限られている。

人類のアフリカからの旅立ち（出《しゅつ》アフリカ）は、大きな脳を持ち現生人類らしくなった原人の偉業と考えられていた。例えば、次のような筋書きで語られていた。

脳が大きくなり必要なエネルギーが増えた。これをまかなうために人類は肉食に頼ることが多くなった。そして、脳も体も現生人類に近づいた人類は進歩的な石器を使いこなし、アフリカから出ることに成功した。

この説の評価を国立科学博物館の馬場悠男《ひさお》人類研究部長に聞いてみたら、興味深い比喩で説明してくれた。

「それは、風が吹けば桶屋が儲かるという程度の話では……」

ご存じだと思うが念のため、「風が吹けば桶屋が儲かる」というのは、

「風が吹くと土ぼこりがたって目に入り盲人が増える。盲人は三味線で生計を立てようとするから、三味線の胴を張る猫の皮の需要が増える。猫が減るとねずみが増え、ねずみが桶をかじるから桶屋がもうかって喜ぶということ」（『大辞泉』小学館より）

つまり、こじつけのような理屈でもっともらしい話を仕立てることのようだ。

ところが、このたとえ話には解釈が二通りあり、「思いがけない事柄の連鎖で、ちょっとしたことが意外な結末に結びつく」という場合にも使われる。

人類の出アフリカを説明する、さきほどの筋書きは、どちらに当たるのだろうか。

その答えを教えてくれる化石を、グルジア博物館などの研究チームが二〇〇二年に報告

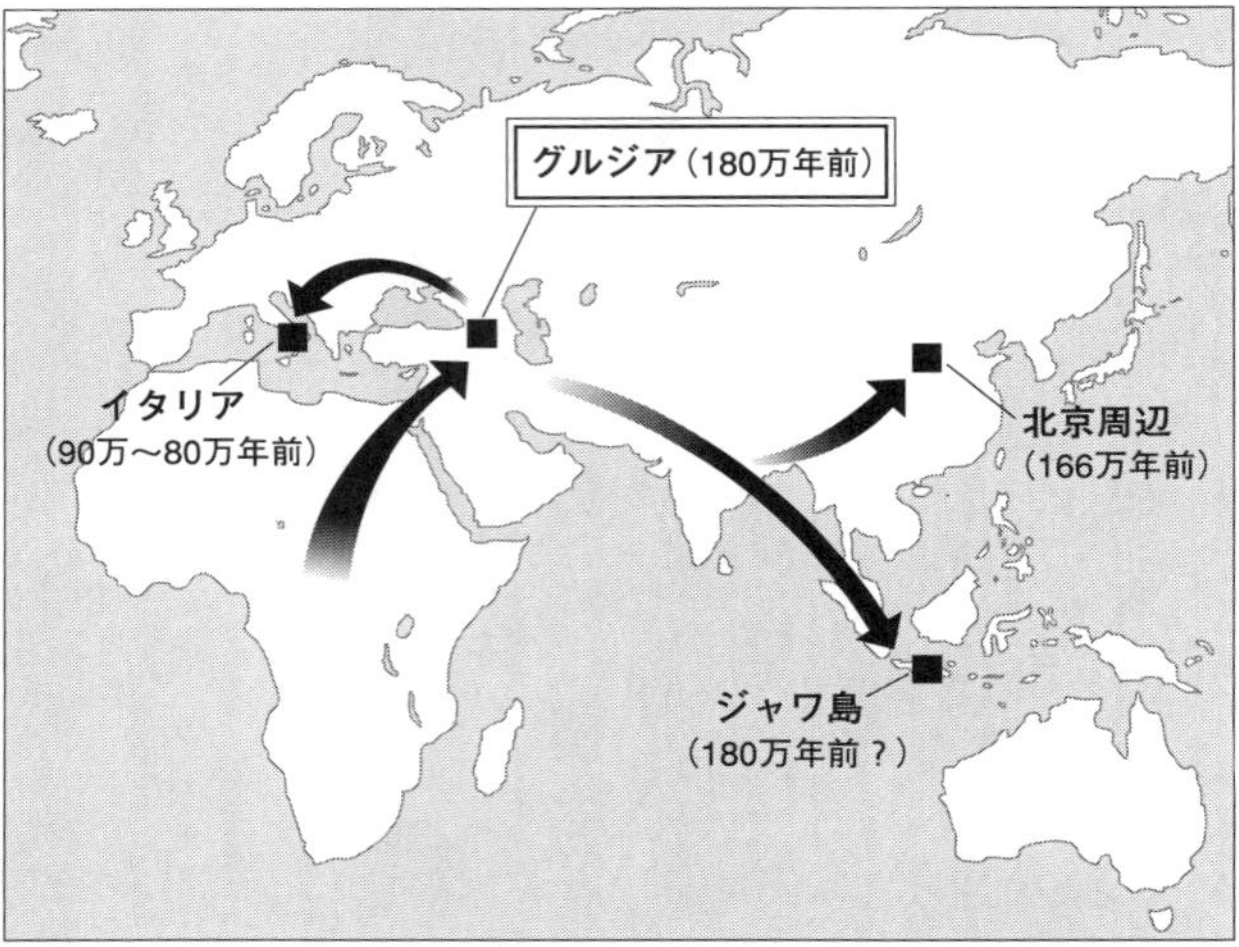

図2－6　人類のアフリカからの旅立ち

した。発見された場所は黒海とカスピ海の間に位置する西アジアのグルジアだった（図2―6）。年代は約百八十万年前。出アフリカの時期が現在、百八十万年前と言われるのは、グルジアの化石の年代がもとになっている。

さて、問題は、この化石の脳の大きさが六百ccに過ぎなかったことだ。初期原人（六百十cc）にすら及ばない。もっともらしく響くシナリオであっても、まだ猿人に近い六百ccの脳を目の前に突きつけられたら、どうしようもない。見つかった石器も原始的なタイプだった。「脳も体も現生人類に近づいたからこそアフリカを出た、という考えはグルジアの発見で通用しなくなった」と馬場部長は話す。脳が大きくなることで人類が繁殖の機会を増やしたというのは事実だろうが、出アフリカの最初の一歩までも説明するのは無理があったようだ。

では、約五百万年間もとどまっていたアフリカをなぜ、旅立ったのか。

肉食でグルジアの冬を乗り切った

当時の人類にとって、常夏のアフリカから出る最大の危険は冬だっただろう。高緯度の地方に来れば、季節変化が大きく、果物などの植物を年中確保することは難しい。肉食こそが、アフリカの外で人類が生き抜く切り札だった可能性が指摘されている。動物は冬になっても、枯れたりはしない。

グルジアの人類化石が見つかった近くからは、石器を使って解体した跡が残るシカの骨が見つかっている。さらに、大型のネコやクマ、小型のオオカミなど多彩な動物の骨も発見された。

石器を手に効率的な肉食を始めた人類は、ようやく常夏の大陸を離れても生きていけるようになった。「脳が大きくなって……」というのは、作り話にすぎなかったようだが、石器と肉食が出アフリカを可能にしたという説は、いまも有力視されている。脳の大型化が著しくなる前、石器を使いこなした段階でアフリカを出たということかもしれない。

写真2－2
上あごの歯がすべて抜け落ちたグルジアの頭骨化石。仲間から介護されていた可能性が高い
（提供：Georgian State Museum）

「ついにアフリカを旅立つ！」、ということなのだが、当時の人類がアフリカから旅立つことを目指したはずはない。地球が丸いことはもちろん、地平線や水平線の先に何があるのかを知っていたわけではなく、知らぬ間にたまたまアフリカを出た。そして、肉食の技術を身につけていたおかげで、高緯度地方の冬も乗り切れたということなのかもしれない。現代人の感覚で振り返れば、出アフリカは大きなドラマのように感じられるが、現実にはそのような冒険物語があったわけではないだろう。

グルジアからは、新たな報告が相次いでいる。二〇〇五年の四月に『ネイチャー』誌に発表された論文は、人類の介護の芽生えを示唆するものだった。

報告された頭骨の化石（写真2－2）を見ると、上あごの歯がすべて抜け落ちている。歯の年代は約百八十万年前と推定されている。歯の抜けた穴が骨で埋まっていることから、歯が抜け落ちた後も数年は生きていたらしい。死んでから歯が抜けたのであれば、抜け跡がそのままくぼみになるはずだが、この化石では、くぼみに骨が再生していた。少なくとも骨が再生する間は生きていたことになる。

下あごの歯も、左の犬歯のほかはすべて抜け落ちていた。死亡推定年齢は四十歳前後とみられている。「野生動物では生存が無理な状況でも生きていられたのは、仲間から食糧をもらうなど助けられていたからだろう」と研究チームは考えている。歯がなくなるなどハンディを負った野生動物は、集団から見捨てられ長く生きられない。厳しいが、それが自然の掟《おきて》──。介護はその掟を破る「人間らしい」行動の一つだ。この歯なし原人は、動物の骨髄など柔らかい食べ物を仲間に分けてもらい、命をつないでいたと考えられている。

東アジア進出

グルジアまでたどり着いた人類の次なる進出地は東アジアだった。

東アジアに残る人類の足取りをたどってみよう。

中国・北京から西に百数十キロ行ったところの、約百六十六万年前とみられる地層から多数の石器が発見されている。二〇〇四年に報告された成果で、それまでの東アジア最古の記録を三十万年ほどさかのぼった。多くの石器とともに、ここでもまた、石器で砕いて

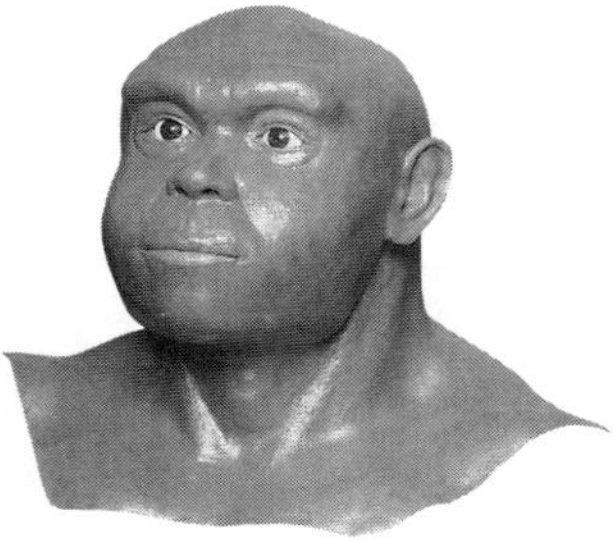

写真2－3
頭骨化石をもとに復元したジャワ原人。約100万年前の若い男性とみられ、眉の部分の隆起や額が平らになっていることが特徴だ
（国立科学博物館常設展より）

骨髄を取り出した跡が残る哺乳類の骨が見つかった。

約百六十六万年前というと、グルジアの化石が約百八十万年前なので、かなり接近している。ひとたびアフリカを出た原人は、それほど間をおかず、東アジアまで来ていたのかもしれない。

自動車も飛行機もない時代に随分と健脚だったような気もするが、一世代当たり二十キロ移動したとすれば、アフリカからアジアまで約二万年でたどりつける。現代人の感覚で二万年というと随分と長い時間だが、人類進化の視点から見れば、わずか二万年という気にもなる。原人が東アジアにやってきたときの速さを正確に突き止めることはできないが、〃のんびり〃と移動しても計算上は数万年で十分ということになる。

「一気に東アジア進出」を示唆する証拠はほかにもある。

ジャワ原人だ（**写真2－3**）。

インドネシアのジャワ島から見つかっている最も古い化石は、年代をはっきり突き止められず、百数十万年前といった大まかな表現がよく使われる。

国立科学博物館の海部陽介研究官らは二〇〇四年、人類は百八十万年前ごろに東アジアに進出した可能性が高いとする研究成果を明らかにした。研究では、それまでに発見されていたジャワ原人の歯やあごの化石約百個の特徴を詳しく調べ、アフリカの原人などと比較してみた。原人は歯が小さくなる方向に進化することがわかっており、その特徴から年代をほぼ特定できるらしい。

その結果、年代がはっきりわかっていなかったジャワ原人の最古のグループは、歯が大きくあごが頑丈であるといった原始的な特徴を持っており、約百八十万年前のアフリカの人類に近縁なことがわかった。そのころにアフリカを旅立った人類が東アジアまで到達していた可能性を示しているのだという。

ジャワ原人は、このあと約十万年前まで生きていたことがわかっている。その間に、脳の大きさや使う石器の種類はあまり変わらず、安定したジャワの環境でのんびり暮らしていたのではないか、ともいわれている。

さて、ジャワ原人とくれば、次は北京原人だ。

中国では動物化石を竜骨《りゅうこつ》と呼んで漢方薬に使うそうだが、北京郊外の周口店《しゅうこうてん》にある竜骨山は動物の化石がよく見つかることで評判だった。そして、その中から見つかった人類の化石が北京原人と名付けられている。

年代は約五十五万〜二十五万年前だ。

何より、北京原人を有名にしたのは、火を使っていたとされたことだろう。人骨が見つかった洞窟に灰のような堆積《たいせき》物があった。そんなことを教科書で読んだ記憶のある人も多いだろう。しかし、最近になって、灰のように見えたものは、植物に由来する炭素か、細かな砂が堆積した跡である可能性がわかってきている。

人類が火を使ったのであれば、炉の跡が見つかるはずだ。しかし、洞窟内にそうした痕跡は確認できていない。焼けた動物の骨があることから、北京原人の火の使用は完全に否定されたわけではないが、解釈は研究者によって分かれている。

とすれば、火を使った確かな証拠はいつ、どこで見つかっているのだろうか。

火の使用……第二の技術革命

最も古くまでさかのぼる研究では、約百五十万年前に火を使っていたとしている。南アフリカやケニアの遺跡から、焼けた痕跡のある鉱物などが見つかっているからだ。しかし、この火が落雷や火山噴火などによる野火なのか、人が使った火なのかを見極めるのは難しい。やはり、研究者によって解釈が異なっている。

時代が新しくなると、少しずつ火の証拠は確かになってくる。

次の舞台は、約七十九万年前のイスラエル。この遺跡からは、焼けた木片や石器、ムギ類やオリーブなどが見つかった。ここでもはっきりとした炉の跡は見つけられなかったが、遺跡を詳しく調べたところ、人が火を使っていたらしいことが推測できた。

遺跡にあった石器のうち、焼けた石器は一・八％しかなく、その多くは二ヵ所に集中していたというのだ。自然に起きた火なら、まんべんなく遺跡が燃えてしまうはずだ。焼け跡が一部に限られることは、人がたき火をした跡と考えられる。

ちなみに、この年代はヨーロッパで最古とされるイタリアの人骨化石の年代、九十万〜八十万年前に近い。そのため、人類は火を使うことができるようになり、寒冷なヨーロッパへの進出が可能になったと考える研究者もいる。

最も確実とされる炉の跡が見つかっているのは、フランスのテラ・アマタ遺跡で、四十万〜三十五万年前という。これまでの証拠を考えると、人類は早ければ百五十万年前、遅くても三十五万年前には火を使いこなせるようになったということになる。

火を使えるようになってヨーロッパに移住できた可能性を紹介したが、火の利用は、人類に大きな恩恵を与えた。石器に次ぐ「第二の技術革命」といわれる。

イモを焼けば、でんぷんが消化しやすくなるように、加熱により消化の効率がよくなる食べ物は多い。また、肉を加熱することで病原体を殺し、食中毒の危険を減らせる。人類は調理を覚え、食べるものが格段に増えた可能性がある。

火で動物をおどし、身を守るすべにも使われただろう。大昔の人類は洞窟に住んでいたとイメージしがちだが、洞窟に住めるようになったのは、火を使えるようになってからだそうだ。それまでは、肉食動物に襲われる危険が高い洞窟に住むことはなかったといわれている。南アフリカなどの洞窟から猿人の化石がみつかっているが、彼らは洞窟に住んでいたわけではない。誤って洞窟に落ちてしまったり、肉食動物が彼らを捕まえて運び込んだりしたのだ。実際、肉食動物に食べられた歯型が残る化石や、洞窟に落ちて骨折したとみられる化石も見つかっている。

また、夜の闇をたいまつで照らし、活動時間が長くなったかもしれない。火を使うことでコミュニケーションが活発になったともいわれる。囲炉裏ばたに人が集まり、世間話に花を咲かせるようなものだ。当時の人類は現代人のような複雑な言語を話せなかったとされているが、みんなが暖を求めて集まってくれば、それまでにはなかった互いのコミュニケーションが促された可能性がある。

人類が火の恩恵を知ったのは、雷などで自然に起きた火がきっかけだったと考えられている。動物たちが火を恐れ、また、焼け跡から逃げ遅れた動物の焼死体を見つけ火が調理に役立つことを知ったのだろう。自ら火を起こせるようになるまでは、種火を大事にとっておいたかもしれない。

現代社会ではボタンを押すだけで使える火だが、当時の人類はいかにして火をつける技を身につけたのだろうか。最初に火を起こした人は火打ち石をたたきつけたのか、棒きれをこすり合わせたのか——。興味深いが、わかっていない。

狩猟の始まり

技術に関連する話をもう一つ。

肉食の話を紹介したときに、肉食獣の食べ残し（死肉）をあさっていたらしいと書いたが、すると、狩猟を始めたのはいつごろだろうか。

狩猟の最古の証拠が残っているのは約四十万年前だ。

ドイツの北西部の炭坑の跡から約四十万年前の槍が見つかっている。ドイツの研究者が一九九七年に報告した。見つかった槍はマツ科の常緑針葉樹を削って作ったもので、長さは一・八～二・三メートルだった。近くには、ゾウやサイ、シカ、ウマなどの骨があり、そのうちいくつかには、殺したときについたと思われる傷があった。

この槍が人類最初の狩猟の証拠とされている。

それより以前は、狩猟なのか死肉あさりなのか、はっきりと区別するのが難しい。木製の道具は、すぐに腐ってしまい記録に残りにくい。四十万年前よりも前に狩猟をしていた可能性は大いにあるのだが、どこまでさかのぼるかは定かではない。

異端の人類……頑丈型猿人

さて、石器や火を使いこなした原人がその後、旧人を経て私たち現生人類に進化してくるのだが、原人がいたアフリカには、もう一種類、とても風変わりな人類がいた。その名は「頑丈型猿人」という。

第1章で紹介した猿人は、このグループと対比する場合、「華奢《きゃしゃ》型猿人」と呼ばれる。華奢な猿人が約二百五十万年前をさかいに姿を消して原人へと進化したのに対し、頑丈な猿人は約二百七十万年前に登場し、原人と同じ時代を生きた。図1―3（29ページ）の系統樹で「パラントロプス属」としているのが、頑丈型猿人だ。

この章の最後に、頑丈型猿人を紹介したい。

頑丈型猿人は、あごに強力な筋肉を持っていた。頭の上には突起が突き出ている（写真2―4）。まるで、骨につくちょんまげのようだ。あごを動かす筋肉の付く場所が頭骨の横だけでは足りず、頭の上に突き出させた骨にも筋肉をつけていたらしい。この頭上の突

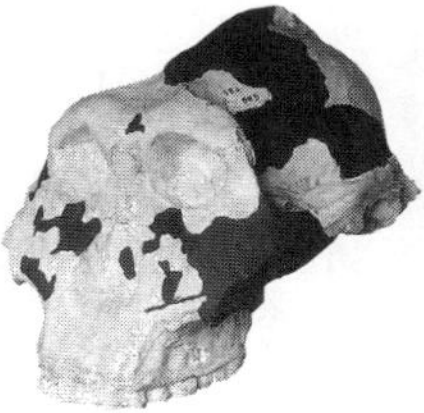

写真2−4　頑丈型猿人の頭骨
頭の上にある突起が目立つ
（国立科学博物館常設展より＝複製模型）

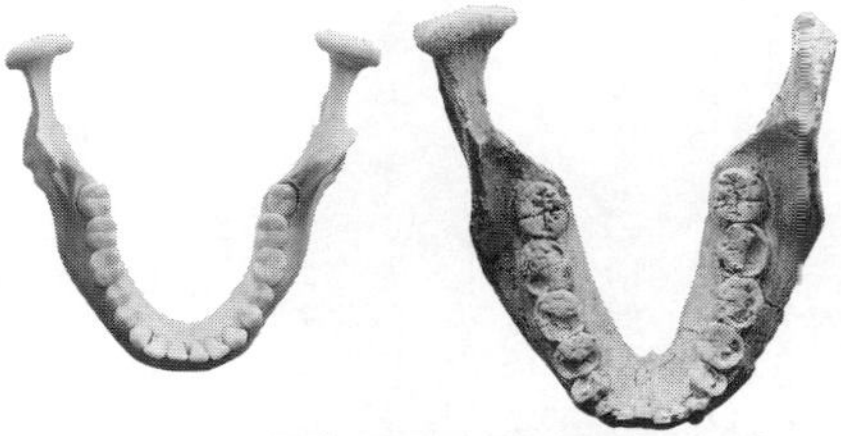

写真2−5　頑丈型猿人の歯
頑丈型猿人の奥歯（右）は、現生人類（左）に比べ2倍も大きい
（国立科学博物館常設展より＝複製模型）

起は、「矢状稜《しじょうりょう》」と呼ばれ、ゴリラなどには見られるが、ほかの人類では発達していない特徴だ。

もちろん、噛む力はけた外れに強い。現生人類の三〜四倍との試算もあるほどだ。

ついた愛称は「くるみ割り人」——。噛む力を発揮するために、あごも歯も大きい（**写真2—5**）。奥歯の大きさは現生人類の約二倍になる。

頑丈型猿人の手足はほかの猿人とそれほど変わりないのだが、矢状稜と歯の特徴は、とにかく印象に残る。人類の進化は一本道ではなく、多様な人類がいたことを改めて教えてくれる存在だ。

頑丈型猿人が進化してくる約二百七十万年前、アフリカの気候が乾燥化した可能性はさきほど紹介した。頑丈型猿人はこうした変化に対し、強力な嚙む力で草の根や木の実までも徹底的に食べるような進化を遂げ、生き残りを図ったのだろう。

ここで改めて、人類進化の足取りと食べ物の変化を見てみよう。

現在のチンパンジーが果実を中心に食べていることを考えると、進化したばかりの人類も果実食の可能性が高そうだ。その後、猿人（華奢型）の時代に、歯の表面にあるエナメル質の厚さが増してくるらしい。エナメル質は体のなかで最も硬い部分といわれ、これが厚くなるのは硬いものを食べていた証拠とされる。徐々に森林から離れ、草原で草の根なども食べるようになったのだろう。頑丈型猿人は、その方向をさらに推し進め、特殊化した人類集団といえる。

百数十万年前のアフリカ東部の地層から、頑丈型猿人と原人の化石が近くで見つかっている。二つの異なる人類種は互いに「変なヤツがいるな」と思っていたかもしれない。そのころ、両者の間に交流があったかどうかは謎だ。また、草原という似た環境に住んでいながら、当時の人類がいかにして異なる道を歩み始めたのかも謎だ。種が分岐してしまえば交配はできず、それぞれの特徴が極端になっていくことが予想される。しかし、似た所に住んでいれば、遺伝子の変異は交配で薄められ、種の分岐にまでたどり着かない。頑丈型猿人と原人が別々の方向に進化したときに、どのような状況が互いの交配を妨げたのか、今後の研究を待ちたい。

さて、あごや歯を強力にすることで環境の変化を乗り越えようとした頑丈型猿人。彼らが石器を使っていたかどうか、はっきりしないが、少なくとも頑丈型猿人しか見つからない遺跡では石器は出てきていない。

一方、原人は石器を使いこなすことで肉体の負担を減らし、効率的な肉食を始めたのだった。おかげで原人から現生人類へと続く道のりで、あごは小さく華奢になる。歯が生える場所が狭くなり、斜めに傾いて飛び出してくる「親知らず」に悩まされるようになった遠因は、このころにさかのぼるともいわれる。また、道具を使うことで、肉体が軟弱になるという傾向も、このころから始まっていたのかもしれない。

「肉体派」の頑丈型猿人と、「頭脳派」の原人——。

原人が世界に進出した一方で、頑丈型猿人の化石は出る地域が限られるようになってくる。そして、頑丈型猿人は約百二十万年前に地上から姿を消す。脳の大きさは最後まで五百ccを大きく超えることはなかった。

「人類の進化は知力が体力を圧倒してきた歴史である」

頑丈型猿人という風変わりな人類は、そんな人類進化の一面を垣間《かいま》見せてくれているような気がする。

次の章で、人類の知力はさらに発展を遂げ、私たち現生人類がついに登場する。

第3章　人類進化の最終章

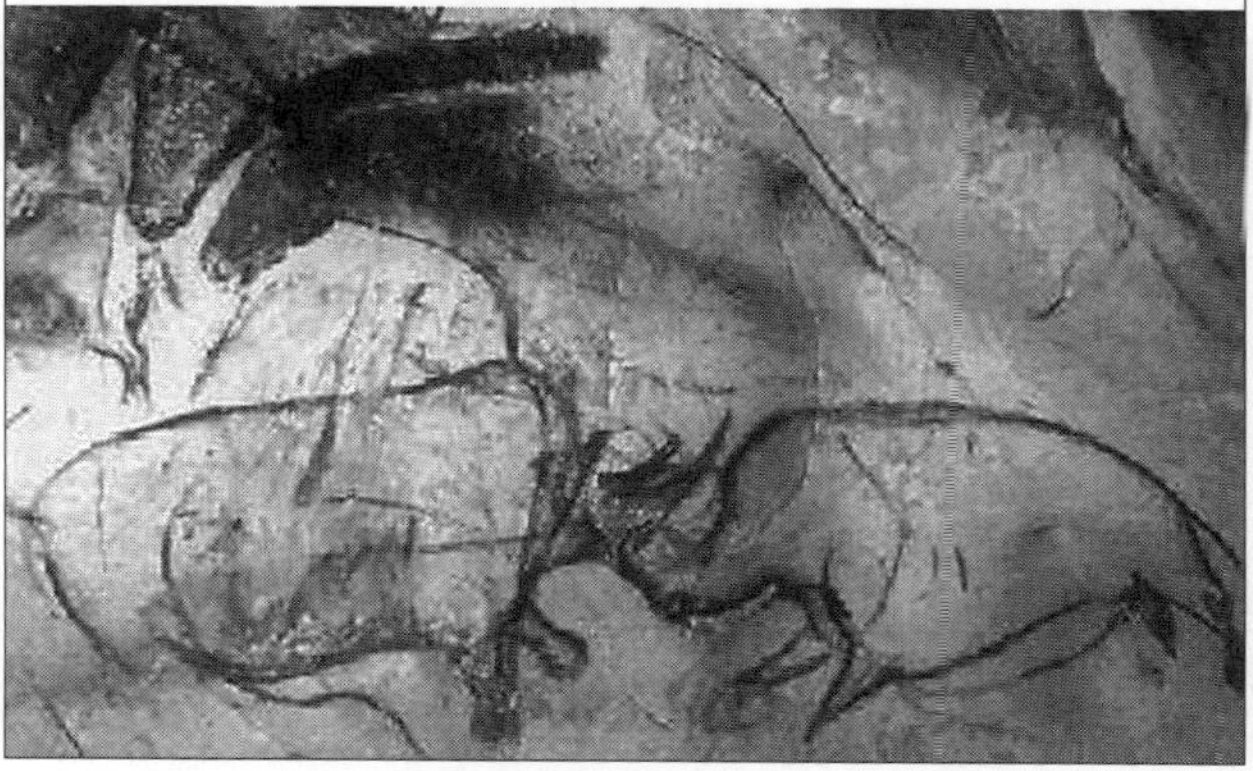

世界最古となるフランス・ショーベ洞窟の壁画（約3万年前）。角を突き合わせる二頭のサイと、その上に立派なたてがみを持つウマが描かれている。ヨーロッパではこのころ壁画のほか、音楽や彫刻などの芸術活動が広がった（撮影：Jean Clottes　提供：Hélène Valladas）

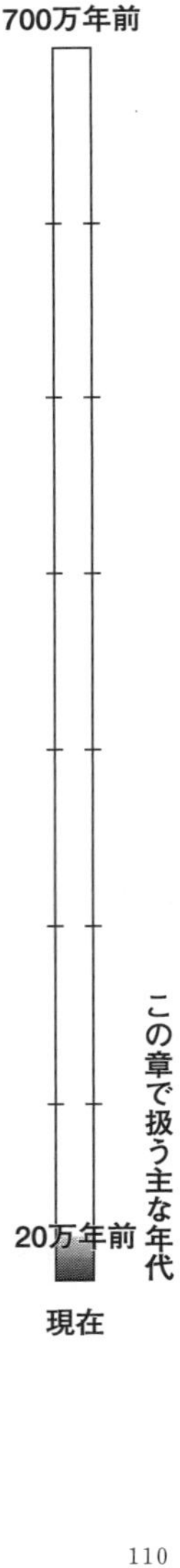

ホップ・ステップ・ジャンプ？

人類の進化には、大まかにいうと三つの革新があった。

これまでに紹介してきた通り、最も初期では直立二足歩行が大きな革新だった。これが一段階目だ。次に、約七百万年前の最古の人類を含む初期三属がアウストラロピテクス属になる時期（約四百二十万年前）に、進化の段階を一つ進んだとする見方が最近出てきているが、まだはっきりわかっていない。

はっきりしている二段階目は、脳の大型化と石器の使用などが始まる原人の段階だ。三段階目が、私たち現生人類（ホモ・サピエンス）の登場だ。私たちが人類というときに思い浮かべる知性や複雑な言語を身につけたのは、この三段階目だ。人類はようやく私たちと同じ動物になった。約二十万〜十五万年前のことだ。

人類進化の段階を「ホップ・ステップ・ジャンプ」と表現する研究者もいる。もちろん、それぞれの段階で中間的な特徴を示す化石も見つかっているのだが、おおくくりに見ると、そのように表現できるようだ。

第1章で生命の歴史四十億年を一年にたとえて人類登場を考えてみたが、ここでは人類の歴史七百万年を一年のカレンダーに見立ててみよう。人類（猿人）の誕生が一月一日だ。そうすると、原人は八月下旬に誕生することになる。現生人類の登場は十二月二十一日だ。現生人類の時代が始まったのは、ごく最近なのだ。人類の歴史の三%を占めるに過ぎない。しかし、このごく短時間に現生人類が成し遂げたことは、猿人の誕生から現生人類までの六百八十万年の間の〝業績〟にひけを取らない。

骨格に大きな変化はないようだが、頭骨は丸みを帯びて、おでこが立ち上がってくる。また、ネアンデルタール人などで見られた眉の部分の骨の隆起がなくなり、一方で、下あごの出っ張り（おとがい）が目立つようになってくる。

そして、知的な活動が目覚ましく発展する。原人の時代にも石器を使ったり火を使いこなしたりはしていたが、現生人類の石器は巧妙さを増してくる。装飾品を身につけるようになり、壁画や音楽、彫刻といった芸術も楽しむようになる。

栽培しやすく病原体に強い作物を育てるようにもなった。ほかの生物の進化にまで人類は介入したといえる。農業は富の蓄積を生み、都市文明へとつながっていく。文字もようやく登場する。

この章では、人類進化の最終章である現生人類の進化を見ていくことにしよう。現生人類と時代を共有したネアンデルタール人などにも触れる。

現生人類の起源

原人が約百八十万年前から世界各地に進出していったことを前章で見た。各地に散らばった原人が、それぞれの地域で現生人類に進化したと仮定してみよう。「多地域進化説」という仮説だ。

この説が正しいとすると、現生人類の特徴をもたらす遺伝子の変異が各地で同時多発的に起きたことになる。あるいは、それぞれの地域の原人たちが地域を超えて混血し遺伝子の変異を広めあったのかもしれない。しかし、各地で都合よく同時期に変異が起きたり、大陸を超えてそれほど頻繁に混血があったりしたのか、疑問が残る。

これに対立する説として、「アフリカ単一起源説」という考え方がある（図3－1）。この説は、現生人類がアフリカで生まれて世界に広まったとする。ならば、各地で暮らしていた原人はどうなってしまったのか、やはり疑問は残る。

いずれの説でも、すぐに「なるほど」とは思えないのだが、現代の研究者はアフリカ単一起源説に軍配を上げつつある。

そもそもの発端はこれまで見てきた化石の証拠ではなく、遺伝情報の研究だった。遺伝情報と人類進化の関係は第6章で詳しく紹介したいが、現生人類の起源を語るうえで、避けて通れない。少しだけ遺伝情報の世界を垣間見てみよう。

親から子へと伝えられる遺伝情報は体の設計図だ。髪の色や顔だちなんとなく似るのは、この遺伝情報のためだ。遺伝情報はほぼ正確に親から子へと伝えられる。正確であるからこそ私たちは親に似るのだが、まれに変異が起こるため、一人ひとりの遺伝情報は微妙に異なっている。遺伝情報のうち約〇・一%が一人ひとりで違うといわれている。この差が、私たちの遺伝的な面での個性につながっている。

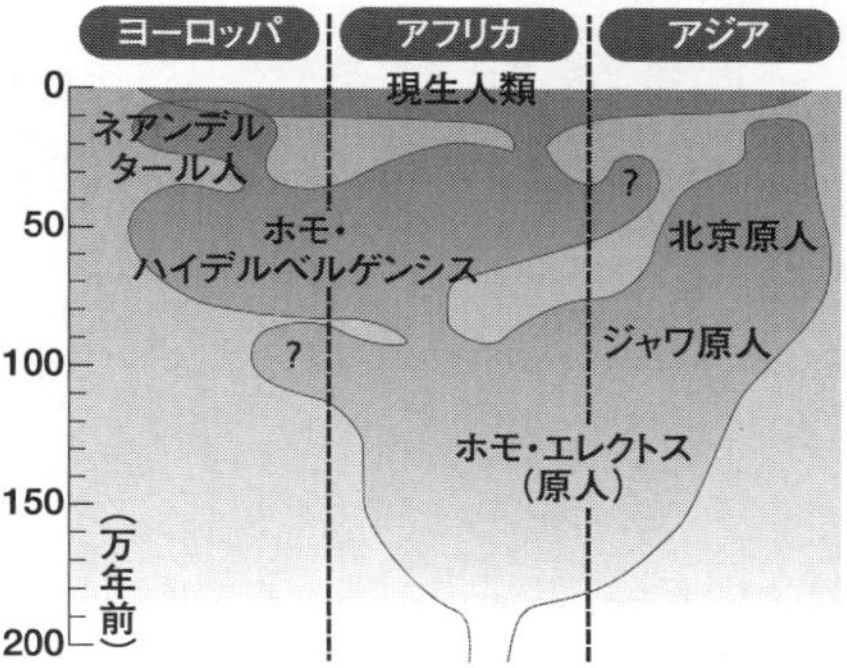

図3−1　アフリカ単一起源説による人類進化の筋書き　(読売新聞2004年9月8日朝刊)

さて、世代ごとに起きる変異の割合はほぼ一定だから、現在のような人類の多様性を生む変異が蓄積されるまでにどれだけの時間がかかったかを逆算できる。祖先の年代や集団を突き止めることが理論的には可能だ。

そんな野心的な研究に挑戦したのは、米国のレベッカ・キャン博士らだ。博士らは、細胞の「核」という部分にある二十三対《つい》の染色体の遺伝情報ではなく、エネルギーを作り出す「ミトコンドリア」という細胞小器官に注目した。この小器官は、一つの細胞に平均で五百〜千個も入っていて、それぞれのミトコンドリアが遺伝情報を持っている。

ミトコンドリアは、精子からは伝わらず、卵子だけが伝えている。つまり、この情報は母親からだけ引き継ぎ、父親のミトコンドリアは子どもに受け継がれない。親子のつながりは、遺伝情報で見ると母親のほうが強いということになる。

これは、進化を研究するうえで、ありがたい性質だ。核の遺伝情報のように父親と母親の遺伝子が半分ずつ混じったりしないので、祖先をたどりやすいのだ。名字を考えるとイメージしやすい。結婚しても男性の名字を名乗る場合が多いので、男系の祖先はたどりやすい。これが、結婚するたびにお互いの名字を組み合わせたりしたら、混乱してもとをたどっていくのが大変だろう。名字の場合は男系をさかのぼるが、ミトコンドリアの場合は女系をさかのぼることになる。

キャン博士らが一九八七年に発表した成果は驚くべきものだった。

「世界中に住む現在の人類の祖先は、約二十万年前にアフリカで生きていた一人の女性に行きつく」

この女性は「ミトコンドリア・イブ」との愛称まで与えられ、世界中の雑誌に想像図が登場した。「本当なのか」とばかりに、ほかのグループも同様の研究をしてみた。その結果、年代に若干の開きがあるものの、おおむね二十万～十五万年前のアフリカにいた女性に現代人のルーツがあることが示された（詳しくは第6章）。

つまり、「アフリカ単一起源」なのだ。

遺伝情報が示した人類の来歴に、化石から人類史を探っていた研究者は強く反発した。それまでは、ヨーロッパのネアンデルタール人や、アジアのジャワ原人たちがそれぞれの地域で現生人類に進化したと考えられていたからだ。

しかし、最近になって化石の研究者からも、「アフリカ単一起源説」を補強する成果が出てきている。二〇〇三年、国立科学博物館の馬場悠男部長らは「ジャワ原人が現生人類に進化した可能性は低い」とする研究成果を発表した。

研究チームは数十万年前のジャワ原人の頭骨化石を新たに発見。この頭骨の特徴を、それまでに見つかっていた百二十万～七十万年前の頭骨や、三十万～五万年前の頭骨と比べてみて、時代とともにジャワ原人の頭骨がどのように変わってきたのか分析してみた。

その結果、現代に近づくにつれて、眉の部分に見られる骨の盛り上がりや、あごの関節の構造が現生人類とは違う方向に進化していたという。ジャワ原人が現生人類に進化したのであれば、現代に近づくにつれて現生人類らしくなるはずだが、研究が示すところは、その逆だったのだ。

最古の現生人類

ジャワ原人が独自の進化を遂げていたころ、アフリカでは現生人類への道を歩む集団がいた。五十万年前くらいになると、脳の大きさが千二百ccを超え、現生人類に近くなってくる。しかし、現生人類のように額が立ち上がっていない。これらの人類は「ホモ・ハイデルベルゲンシス」と分類され、進化の段階でいうと「旧人」ということが多い。

遺伝情報の研究が予測するのは、「現代人の祖先となる二十万～十五万年前の現生人類がアフリカにいた」ということだった。しかし、つい最近まで現生人類の化石は、約十万年前のものが最古だった。そのため、「アフリカ単一起源説は、化石の裏付けがない」という批判のもとになっていた。

この空白を埋める化石が二〇〇三年に報告された。米国や東京大の研究チームがアフリカ・エチオピアで、現生人類の仲間とみられる大人二人と子どもの頭骨などを見つけだした。年代は約十六万年前。遺伝情報の研究が示す年代と、つじつまが合う。

脳の大きさは千四百五十ccと、現生人類よりもやや大きめだった。頭骨の特徴を見ると、額が立ち上がるなど現生人類らしい特徴を持つ一方、眉の部分の骨の隆起など原始的な面も併せ持っていた（図3－2）。研究チームは、現生人類に進化する直前の亜種として、「ホモ・サピエンス・イダルトゥ」と名付けた。亜種名となっているイダルトゥは現地の言葉で「長老」を意味するそうだ。

まさに私たち現生人類が進化し始めたころの「最初の一歩」となった化石かもしれない。私たちは、人類という視点で見ても、現生人類という視点で見ても、「アフリカ生まれ」なのだ。

「長老の化石」はこのころに現代人らしい心が芽生え始めていた可能性も示していた。見つかった子どもの頭骨には磨かれたような跡があったという。死後に頭骨を保存して、繰り返し手で触れていたらしい。死者を慈しむ感情を胸に秘め始めていたのだろうか。

頭骨には肉や脳をはぎ取ったような痕跡があったが、それらを食べていたかどうかはわからない。ただ、栄養源として肉を食べるというよりも、儀礼的な意味合いが強かったのではないかと考えられている。肉をはぎ取った頭骨を敬う文化があったのかもしれない。近くから石器の傷が残るカバの骨が大量に見つかっているため、彼らがカバを食べていたというのは確からしい。

最古の現生人類を巡っては、二〇〇五年の二月に新たな報告もあった。米国やオースト

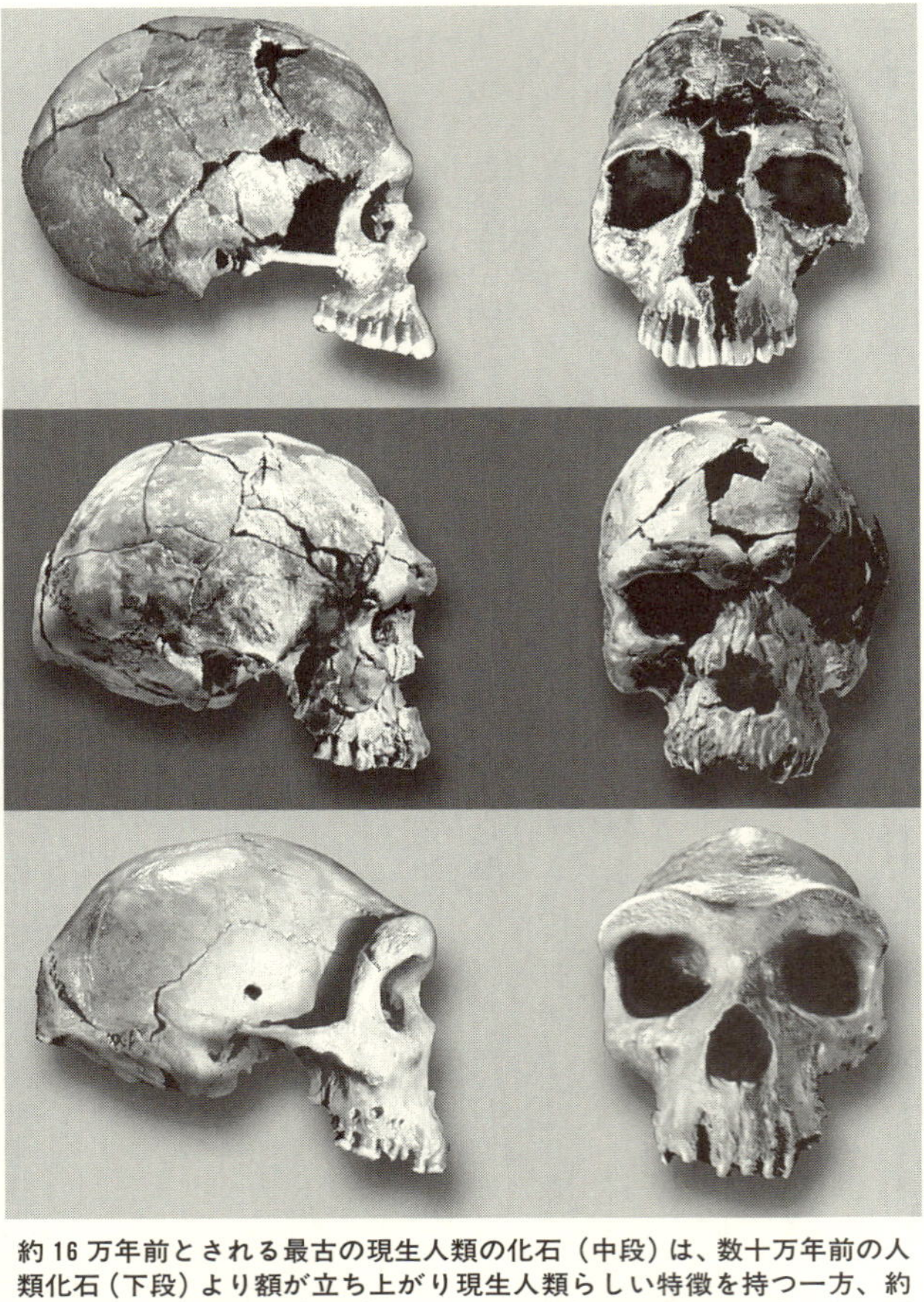

約16万年前とされる最古の現生人類の化石（中段）は、数十万年前の人類化石（下段）より額が立ち上がり現生人類らしい特徴を持つ一方、約10万年前の人類化石（上段）に比べて眉の部分の隆起が目立つなど原始的な特徴も残している　　　　（イラスト・カサネ治）

図3－2　現生人類への頭骨の変化

ラリアの研究者が、一九六七年にエチオピアで見つかっていた現生人類の二つの頭骨化石の年代を再検討したところ、約十九万五千年前までさかのぼる可能性があると発表した。

これらの頭骨は約十三万年前と推定されていたが、周辺の地層などを改めて調べたところ、より古い化石らしいという。ただ、この十九万五千年前という年代測定の結果には異論の声も出ており、現段階で「最古の現生人類化石は十九万五千年前」とすっきりといえる状況ではなさそうだ。年代測定の難しさは改めて、第5章で触れたい。

遺伝情報と化石の研究はともに、現生人類の起源はアフリカであると告げている。アフリカで生まれた現生人類が世界に広がり、私たちの祖先になった。すると、現生人類よりもいち早くアフリカを出て、ヨーロッパやアジアで暮らしていた原人や旧人たちはどうしたのだろうか。

その疑問を考える前に、まずはネアンデルタール人のおさらいをして、そのなかで人類学研究の変遷にも触れてみたい。

ネアンデルタール人をめぐる謎

人類学にそれほど興味のない人でも、ネアンデルタール人という言葉は聞いたことがあるに違いない。ネアンデルタール人（ホモ・ネアンデルターレンシス）は、化石人類の中で最も有名な種だろう。約二十万〜三万年前にヨーロッパや中東で生きていた人類だ。英語では、「時代遅れの人」や「野蛮な人」を指して、「ネアンデルタールみたい」というようにも使われるらしい。

それだけ有名なのも、ネアンデルタール人が人類研究の主役に長くとどまっていたからだ。ネアンデルタール人の研究が、そのまま人類学の研究史に一致すると言えるほどだ。

ネアンデルタール人は一八五六年に、ドイツの洞窟で発見された。名前は化石が見つかったネアンデル渓谷（渓谷はドイツ語でタール）にちなんでいる。このネアンデルタール人こそ、人類がはじめて目にした「化石になった人類」だ。頑丈な骨格と眉の隆起が特に目立った。

この化石は「大昔、現生人類とは違う姿形をした人類がいた」ということを示していた。しかし、「神様が私たち人類を創造した」と信じていた人たちにとって、現生人類とは違う種類の人類がいたということは、受け入れられないことだった。

ダーウィンが『種の起原』を発表するのは、その三年後の一八五九年のこと。「サルから人類が進化した」とする進化論は激しい批判を浴びた。キリスト教が支配していた当時のヨーロッパで、「人類もほかの動物も同じように進化してきた」という考え方は簡単に受け入れられるはずもなかった。

「ネアンデルタール人は、クル病（ビタミンD欠乏症）を患ったうえ関節炎に苦しみ、骨が変形した現代人だ」との見方が出された。「眉の部分の隆起は、ケガの痛みのため絶えず顔をしかめていた結果」と言われた。唯一でかつ不変と信じたホモ・サピエンスの地位を守る試みだった。

ところが、次第に化石の数が増えてくると、すべてを病気やケガのせいにはできなくなった。ネアンデルタール人が絶滅した動物の骨とともに見つかる例も出てきた。

現生人類とは違う人たちが大昔にいたことを、研究者は認めざるを得なくなっていく。ネアンデルタール人と「高尚なる現生人類」との違いを際立たせたい研究者は、老いたネアンデルタール人の化石をもとに、背中を丸めひざを曲げ中腰の姿勢でよろよろ歩く類人猿のような姿でネアンデルタール人を復元した。一九一〇年代のことだ。

しばらくの間、ネアンデルタール人に野蛮なイメージがつきまとった。だが、そうした考え方に転換を迫る発見が一九五〇年代にあった。

北イラクのシャニダール洞窟で発掘された化石はネアンデルタール人のイメージを大きく変えた。見つかった大人の化石は、生まれつき右腕が萎縮する病気にかかっていたことを示していた。研究者は、右腕が不自由なまま比較的高齢（三十五〜四十歳）まで生きていられたのは、仲間に助けてもらっていたからだと考えた。そこには助け合い、介護の始まりが見て取れたのだ。「野蛮人」というレッテルを張り替えるには格好の素材だった。

さらに、有名な「シャニダールの花粉」が出てきた。ネアンデルタール人の遺骨の周辺から大量の花粉の化石が見つかったことから、花束を遺体に添えて埋葬したと考えられた。ネアンデルタール人が色とりどりの花束を死者に手向《たむ》けている想像図があちこちで描かれたのだが、この解釈については疑問の声も最近出てきている。

「ネアンデルタールの献花」が一九六〇年代に発表されてから、多くのネアンデルタール人の化石が見つかっている。前例がある以上、研究者は「自分が見つけたネアンデルタール人も花で弔われていないか」と探したはずなのに、一例も花粉は見つかっていない。シャニダールの花粉はネズミなどが巣を作るために草花を集めてきた結果ではないか、と考えている研究者もいる。花粉の解釈はまだ定まっていない。

ただ、花束はないにしてもネアンデルタールの化石は、彼らが住み家としていた洞窟の中から多く見つかることから、「肉が腐って臭いから洞窟の外に放っておけ」というのではなく、何らかの埋葬をしていた可能性は高いといわれている。

ネアンデルタール人の行動面で新たな発見が続いた一方で、復元像の再検討も進んだ。その結果、「中腰のネアンデルタール」は誤りだったとの研究が相次いだ。次の有名なたとえ話も一九五〇年代に登場した。

写真3―1　ネアンデルタール人の復元像
(国立科学博物館常設展より)

「ネアンデルタール人が風呂に入り、ひげをそり、スーツを着てニューヨークの地下鉄に乗ったとしても、ちょっと風変わりな移民の一人として以上の関心をひくことはないだろう」

現在の復元像（**写真3―1**）を見る限りでは、力強い骨格を持ち鼻が大きく、眉の隆起も目立つが、確かに、いろいろな人がいるニューヨークだったらそれほど目立たないのではないかという気がする。

現代のネアンデルタール人像

揺れ動いてきたネアンデルタール人のイメージだが、現代の研究者が描く像を簡単にまとめてみよう。ネアンデルタール人は約二十万年前に、ヨーロッパで「ホモ・ハイデルベルゲンシス」という旧人が進化して生まれたとされている。進化の段階としてはネアンデルタール人も旧人になる。

当時のヨーロッパは氷期と呼ばれる寒冷な気候で、寒さへの適応を遂げた特殊な人類と位置づけられている。ネアンデルタール人は鼻が大きいが、これは肺に吸い込むまでに大きな鼻腔《びこう》で空気を暖めるためといわれている。大きな鼻腔という「寒冷適応」は、人類だけでなく、例えば、ヒマラヤに住むユキヒョウ（ヒョウの一種）でも見られる。ユキヒョウの鼻は、アフリカの草原に住むヒョウよりも大きい。

ネアンデルタール人の体格はがっしりしていて、身長百六十～百七十センチで体重は八十キロ以上あったらしい。脳の大きさは約千五百ccと現生人類よりも大きめですらある。

肌の色は、日射の弱いヨーロッパに長く住んでいたことから、白かったと考えられている。つまり〝白人〟だったらしい。肌にある黒い色素は、紫外線を吸収し皮膚への悪影響を防いでくれる。皮膚ガンにつながる有害な紫外線から皮膚を守るために、熱帯地域などに住む人は黒い肌を持つ。一方、紫外線には皮膚の中でビタミンDの合成を促すという効果もある。適度の紫外線は生きていくうえで欠かせない。黒い色素は紫外線を吸収してしまい、皮膚でのビタミンD合成を妨げる。高緯度の地域に住む人は、弱い紫外線を有効利用するために黒い色素を肌に持たず、〝白人〟になると考えられている。

ビタミンDが不足するとクル病にかかる。ネアンデルタール人が黒い肌だったならビタミンDが不足し、十九世紀の人類学者が指摘したようにクル病にかかっていたかもしれない。もしそうなら、ネアンデルタール人はヨーロッパですぐに絶滅したはずで、数万年以上にわたって見つかっている化石の記録とつじつまが合わない。

こうした状況証拠から、ネアンデルタール人の肌は白かったと考えられている。

高緯度の地域で生き抜く工夫は前歯にも残っていた。それまでの人類には見られないような摩耗の跡があるのだ。これは、シカなどの皮を口にくわえ、石器を使ってなめしたときに前歯が削れてしまった跡と考えられている。なめすことで脂などを取り除き柔らかくした皮を身にまとったらしい。人類最初の衣服だ。寒さをしのぐ工夫が垣間見える。「服を着る」というのは、ほかの動物にはない人類の特徴だが、何かを身にまとうという習慣を人類が始めたのも、実はごく最近らしい。

ただ、ネアンデルタール人の〝服〟は、現生人類のように骨針を使いこなして縫製したものではないようだ。服を縫製するための針が見つかるのは、約三万年前以降の現生人類の遺跡からだ。ネアンデルタール人は、なめした皮をまとっただけのようだ。ネアンデルタール人は大きな脳にもかかわらず、知能の発達は見劣りする。現在のような複雑な言語もまだ、話せなかったと考えられている。

現代の研究者たちは知恵を絞りネアンデルタール像を描き出しているが、生きたネアンデルタール人を現在の私たちが見ることはできない。

ところが、過去に現生人類とネアンデルタール人が共存していた時代があるという。当時、文字が発達していれば記録が残っているのにと思うが、残念ながら文字はまだ発明されていなかった。両者が共存していた時代を化石や石器をもとにのぞいてみよう。

混血はあったのか

四万〜三万年前のヨーロッパ。ネアンデルタール人と現生人類のクロマニョン人が共存していたらしい。両者の交流を示唆する痕跡が、フランスなどに残されていた。

ちなみに、このクロマニョン人もなかなか有名な人類だ。なんとなく猿人や原人並みの原始人と思われがちな気がするが、彼らはれっきとした現生人類だ。約四万年前以降にヨーロッパへ移住した現生人類の通称がクロマニョン人だ。名前は、一八六八年に化石が発見されたフランス南西部の岩陰遺跡の名称に由来している。クロマニョン人は、四万〜一万年前にヨーロッパに住んでいた現生人類であって、クロマニョン人という人類種がいたわけではない。ネアンデルタール人は「ホモ・ネアンデルターレンシス」だが、クロマニョン人は「ホモ・サピエンス」の地域集団という位置づけだ。一万数千〜約三千年前の日本列島にいた現生人類を「縄文人」と呼ぶのと同じような意味合いを持つ名称だ。

さて、知能に勝るクロマニョン人が作った石器と同じくらい工夫を凝らした石器（石刃《せきじん》）が、ネアンデルタール人の三万数千年前の化石とともに見つかっている。ネアンデルタール人も巧妙な石器を作っていたらしい。

ネアンデルタール人は約二十万年前に誕生してから、このころまで原始的な石器を作り続けてきた。そんな彼らが急に自らの力で進歩的な石器を作り出したとは考えにくい。「ネアンデルタール人が、クロマニョン人に教えてもらったのか、まねをしたのか」と考えられている。彼らが交流していた可能性があるということだ。言葉を十分に話さなかったとされるネアンデルタール人と、クロマニョン人は交流できたのだろうか。仲は良かったのだろうか。

想像は膨らむが、少なくともネアンデルタール人とクロマニョン人が混血して現代にネアンデルタール人の遺伝子が残っている可能性は低いようだ。

ドイツなどの研究チームが一九九七年に発表した成果を見てみよう。彼らは約四万～三万年前と推定されるネアンデルタール人の化石からミトコンドリアの遺伝情報を読みとることに成功した。そして、現生人類と比較したところ、ネアンデルタール人は現生人類にはない遺伝的な特徴を多く持っていたことを突き止めた。つまり、ネアンデルタール人は、現生人類と遺伝的に随分と離れた存在だったということだ。ネアンデルタール人が現生人類に進化したわけではないし、混血もなかったことになる。

「遺伝情報の違いから考えると、ネアンデルタール人と現生人類は六十万～四十万年前に枝分かれしてから独自の道をそれぞれ歩んでおり、その後の遺伝的な交流はなかった」

クロマニョン人の遺伝情報を調べた研究でも、そうした考えが支持されている。クロマニョン人の遺伝情報は、ほぼ同時代のネアンデルタール人との違いが大きかった一方、二万年以上も時を隔てた現代の人とは似ていたのだ。

もちろん、混血があったとしてもごくわずかであれば、ネアンデルタール人の遺伝的な影響は少なく、現生人類には残っていないということはありうる。混血の可能性を完全に否定することはできないが、ネアンデルタール人が現生人類に何らかの遺伝的な影響を与えたとは考えにくい。112ページで紹介した現生人類の「アフリカ単一起源説」はここでも支持されている。

ネアンデルタール人たちの行方

ネアンデルタール人は約三万年前、現代に子孫を残すことなく絶滅した。絶滅の理由を知りたくなるのだが、残念なことにわかっていない。

一般的に言われるのは、次のような筋書きだ。

ヨーロッパで一万年ほどの時代を共有したネアンデルタール人と現生人類（クロマニヨン人）――。現生人類のほうが食糧を効率的に集め、ネアンデルタール人は徐々に衰退の道を歩んだ。

限られた資源を現生人類が独占するようになった、ということだ。

「現生人類がネアンデルタール人をやっつけた」と、まるで両者の間で激烈な戦いが繰り広げられたかのようなこともいわれるが、この可能性は小さいと考えられている。当時は農業も始まっておらず、いわゆる財産や領土というものがない。お互いに奪うものもないのに、絶滅に追い込むほど激しい殺し合いをしたとは考えにくいからだ。

知力に勝る現生人類が環境を巧みに利用したため、ネアンデルタール人は住み家や食糧が限られるようになりじり貧になった、というイメージが正しいのかもしれない。

ネアンデルタール人の話が長くなってしまったが、ジャワ原人や北京原人など東アジアの原人はどうなったのだろう。

疑問は尽きないが、ともによくわかっていないのが現状だ。

中国では、二十万〜十万年前とみられる化石がいくつか見つかっている。脳の大きさは千百〜千二百ccほどと大型化してきている。見つかった場所の地名から「ダーリー人」「マパ人」と呼ばれる。これらの人類が、北京原人の子孫なのか、アフリカから再びやってきた人類（ホモ・ハイデルベルゲンシス）なのかは、決着していない。

しかし、結局は現生人類に進化することなく、彼らも姿を消す。アフリカから旅立った現生人類がヨーロッパでネアンデルタール人と遭遇したように、東アジアでも〝先住民〟に遭遇したかどうかは、化石の証拠がなく未解明のままになっている。

ジャワ原人は十万年前ごろとされる化石が見つかっている。彼らは、ジャワ島の隣にあるスマトラ島のトバ火山が約七万四千年前に大噴火した影響で、現生人類がジャワ島にたどり着く前に絶滅した可能性が指摘されている。

ところで、二〇〇四年にジャワ原人の意外な末路が明らかになったのだが、これについては後ほど紹介したい。

心の進化、おしゃれの始まり

現生人類の話に戻ろう。

二十万〜十五万年前にアフリカで生まれた現生人類は、それまでの人類にはなかった新しい行動を次々に始め、現代人への道のりを歩んでいく。

まずは、約七万五千年前の証拠。

南アフリカのブロンボス洞窟から、幾何模様が刻まれた土片（オーカー）が見つかっている（次ページ写真3－2）。ノルウェー・ベルゲン大などの研究チームが二〇〇二年に発表した。線が書かれているだけで、ただのいたずら書きかと思ってしまうが、考古学者はそこに人類の知的能力の発展を見る。

この幾何模様に何かの意味が託されていた可能性があるからだ。

現代でも、アラビア語など慣れない文字を見ると「この模様は何だろう」と思うが、この文字を使う人たちが共有するルールを理解できれば、その意味を解読できる。オーカーに刻まれた幾何模様も、当時の人たちにとっては何かの意味があったのだろう。現代人はそのルールを知らないので、「いたずら書き」に見えてしまう。

幾何模様を書いてただの土片に特別の意味を与えるのは、そう容易なことではない。幾何模様は自分なりに物事を解釈し、それを表現したりお互いに伝え合ったりしていた可能性を示している。そこには抽象的な思考の芽生えが見える。ネアンデルタール人にはなかった特徴だ。

例えば、現代では「ハトは平和の象徴」と言われる。ただの鳥でしかないハトに、人間が「平和の象徴」という意味あるいは解釈を与えている。「平和」という手に取ることができない抽象的な概念を生み出し、それを本来は関係ないものに託す。これが抽象的な思考と象徴を扱う能力だ。この能力は言語を生み出すうえで、欠かせない。

本来はただの線や音に過ぎないものに意味を与え、お互いが共通のルールを持って、その線や音を理解し合うことが言語の基本だ。七万五千年前のオーカーにも、刻み目が入れ

写真3−2　刻み目が入れられたオーカー
表面を削って平らにしたうえで丁寧に線が彫られている
(提供：Christopher Henshilwood)

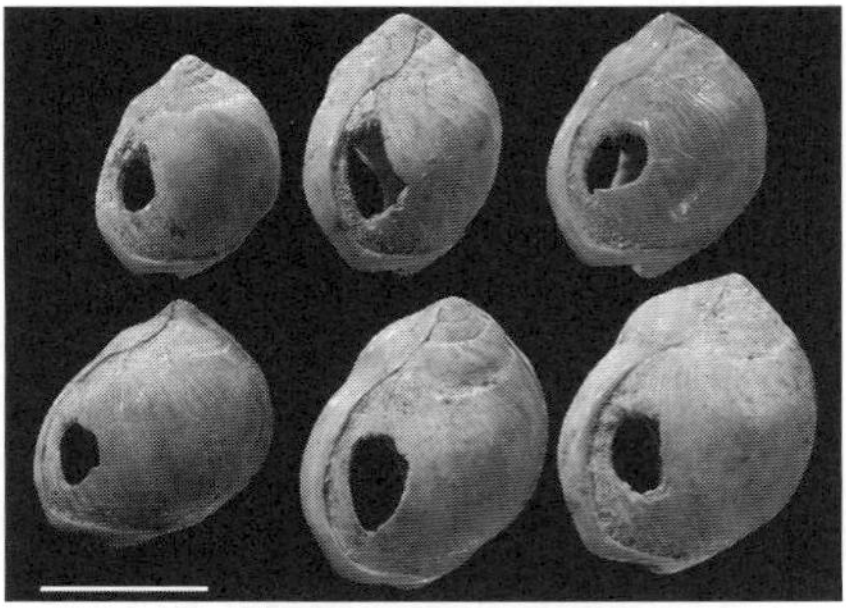

写真3−3　ネックレスにしたと見られる穴のあいた貝殻
左下の白線は5ミリを示す
(提供：Christopher Henshilwood)

られた時点でただの土片ではない意味が生まれていた可能性がある。そのため、オーカーの刻み目が言語の誕生を示唆する証拠とされている。

オーカーを刻む前の人類が作り出したものは、石器や槍などにしても、ただ機能が求められるだけだっ。役立つ道具に過ぎない。あくまで、石器は石器であり、道具としての意味しかなかった。「使いやすいかどうか」という本来の役割が唯一の価値だっただろう。

一方、地味なオーカーの刻み目からは、ただの物に細工を加え、本来の役割とは別の価値を見いだす能力が垣間見えてくる。だからこそ、世界中の人類学者や考古学者が、この落書きのような線を注意深く見つめているのだ。

オーカーが見つかった洞窟から、同じく約七万五千年前とみられる多数の貝殻も見つかっている。こちらの成果は二〇〇四年に報告された。貝殻は大きさが一センチほどと小さく、ひもを通したような小さな穴があいていた（写真3―3）。

穴にひもを通して、ネックレスにしていた可能性が高い。わずか一センチの貝を食用にしたとは考えにくく、ネックレスを作るために採集したと考えられている。ひもは動物の腱《けん》か植物の繊維を使ったのだろう。

これが、人類最古のおしゃれの証拠だ。おしゃれといっても、性的なアピールなのか、宗教的な儀式に使ったのか、あるいは権力を誇示するものであったのかはわからない。発掘チームの責任者であるノルウェー・ベルゲン大のクリストファー・ヘンシルウッド教授は「自分の出身集団や集団内での地位などのメッセージを託していたのではないか」と推定している。

現代の装飾品にも、例えば指輪が既婚か未婚かを示すように、メッセージが託されている。ただの「わっか」でしかない指輪に現代人が特別な意味を込めるように、七万五千年前の貝殻ネックレスにも、当時の人たちは何らかの情報を託していたのかもしれない。いまとなっては、その意味を推し量るのは難しい。

また、オーカーは刻み目があるもののほかに、この洞窟から合わせて八千個も見つかった。なかには、先端をこすって尖らせたクレヨンのような形のオーカーがあった。酸化鉄（鉄さび）を含む赤いオーカーを使って、化粧をしていた可能性が指摘されている。オーカーには虫よけの効果もあるので、おしゃれ（装飾）だけが目的ではなかったかもしれないが、ネックレスの証拠もあるので、化粧があってもおかしくないだろう。

「物に自らの思いを託し、個性的なものを作り出すのは、このころからです」と東京大学総合研究博物館の西秋良宏助教授は話す。

精神世界がいよいよ、広がり始める。

文化のビッグバン

アフリカで芽生え始めた抽象能力は、四万〜三万年前のヨーロッパでさらに発展を遂げる。絵画や彫刻、音楽といった芸術が爆発的に花開く。急激な文化の広がりは、「文化のビッグバン」ともいわれている。

最古の彫像は、ドイツ南西部の洞窟から見つかっている。約三万三千〜三万年前のものとみられる。マンモスの牙を彫って作った水鳥やウマの頭、人間とネコ科動物の半人半獣像で、いずれも全長五センチ以下と小型だった。水鳥の彫刻を見ると、羽の一枚一枚を丁寧に彫り出しており、当時から精巧な彫刻技術があったことが窺える（137ページ**写真3−4**）。二〇〇三年にドイツの研究チームが発表した。

近くの洞窟からは一九三〇年代にも、ほぼ同じ年代の彫刻が見つかっていた。その時に発見された人間とライオンのような動物の半人半獣像はより大型で、ほぼ完全な姿が残っていた（**写真3−5**）。「ライオン人間」という愛称で呼ばれている。この半人半獣の像は、当時の人類が見たままの姿を再現するのではなく、自らで世界を解釈し独自の世界観を持っていたことをはっきりと示している。まさに創造性といえるだろう。

こうした彫像は、動物の素早さや強さに敬意を表すために作ったとする説がある。飛行機や新幹線などの文明に慣れた現代人とは違い、当時の人類は、空を飛ぶ鳥、地面を疾走する動物に驚嘆し、自らを自然の中の小さな存在と感じていたのかもしれない。ほかに、半人半獣の像があることから宗教的な儀式に使ったとする説や、狩猟の成功を願って彫像を作ったとする説もある。いずれにしても、現代人にはない素朴な感性を当時の人類が持っていたように思える。

壁画も描き始める。

最も古くまでさかのぼる壁画は、フランス南東部のショーベ洞窟で見つかっている。年代は約三万年前。フランスの研究チームが二〇〇一年に報告した。有名なアルタミラやラスコーの壁画は一万七千〜一万二千年前のものだ。これらよりも一万年以上古い。

ショーベ洞窟の壁画には、立派なたてがみを持つウマと、角を突き合わせる二頭のサイが描かれていた（本章扉写真）。ほかに、マンモスやクマ、ライオン、トナカイなども描かれていたという。なかなか、にぎやかな壁画のようだ。

このころの芸術は形あるものだけにとどまらない。音楽も始めていたようだ。合唱の痕跡などというのは見つからないが、楽器が見つかっている。

最古の楽器は、ドイツ南西部の洞窟で発見された三万七千〜三万年前のフルートだ（写真3―6）。このフルートは長さが約十九センチ、象牙を削って作ったものだ。二〇〇四年にドイツの研究チームが報告した。この発見が発表される前までは、太古のフルートと

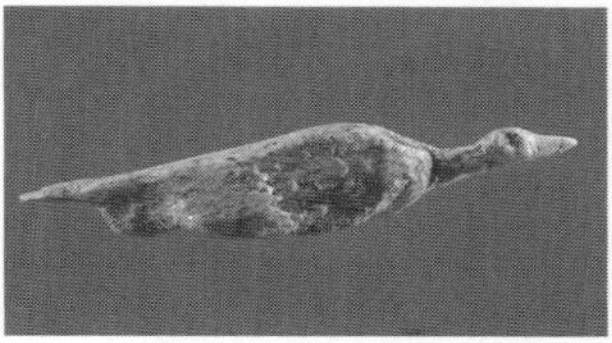

写真3－4　精巧な水鳥の彫刻
大きさはわずか3センチあまりと小型だ
(提供：University of Tübingen)

写真3－5　ライオンの頭と人間の体を持つ「半人半獣」の像
この像は高さ約30センチと大型だ
(撮影：Thomas Stephan　提供：Ulmer Museum)

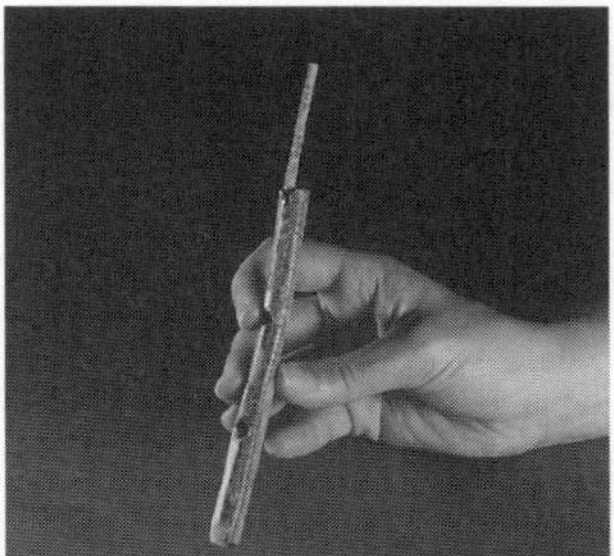

写真3－6　世界最古の楽器と見られるフルート
上のほうは欠けている
(提供：University of Tübingen)

いえば、水鳥の骨を利用したものだった。水鳥の骨は中空なので、指でおさえる穴をあければフルートが出来上がる。

しかし、象牙ではこうはいかない。まずは象牙を削って半円筒形の断片二つを作り、それらを空気が漏れないようにつなぎ合わせるという技術が求められる。ここにも、当時の人類の芸術にかける意欲が垣間見える。

フルートの作製者がどのような音楽を奏でたかは不明だが、研究チームがフルートの復元模型を作り音を試したところ、変化に富む美しい音が出たという。ドイツでは、こうした〃古代楽器〃で奏でた音楽のCDも作られているそうだ。

現代では多くの人が楽しむ音楽だが、その起源を巡っては意見が割れている。

議論は古く、ダーウィンにまでさかのぼる。ダーウィンは、鳥がさえずりで求愛することから考えて、人類も求愛のために音楽を始めたと考えた。現代の研究者はほかに、「音楽は集団の中でお互いの結束を強めた」、あるいは「現代の母親が子守歌を歌うように子どもをあやすために生まれた」などの仮説を出している。

一方、生存に有利になるような明確な理由があるわけではなく、何かの偶然の産物として音楽を始めたにすぎないという考え方もある。音楽の起源は興味深いが決着していない問題の一つだ。

言語の誕生

言語はいつ誕生したのか——。これも証拠がないだけに様々な説が出されているが、現代の多くの研究者は、抽象能力が開花し始めたころと考えている。アフリカで幾何模様が見つかる七万五千年前ごろだ。もちろん、抽象的な思考を示唆する、さらに古い遺物が見つかれば、もっとさかのぼることになるだろう。

ネアンデルタール人なども、ある程度は言葉でコミュニケーションできたかもしれないが、私たちが使うような抽象的な概念や文法なども含む複雑な言語は、現生人類になってからと考えられている。ちなみに、77ページで紹介したチンパンジーのカンジ君も記号を使ってコミュニケーションするが、複雑な文法を持つ言語は使えない。

意識することはほとんどないが、過去形や未来形といった文法があることで、私たちは過去を脳の中に思い浮かべて教訓を学べるし、未来を予測してより良い方法を模索できる。思考の基礎になる言語の恩恵は極めて大きい。

チンパンジー研究の第一人者として知られるジェーン・グドール氏は次のように書いている。

「人間を近縁の種から区別するあらゆる特性のうちで、高度に洗練された音声言語を用いて意志の伝達を可能にする能力、これこそが最も重要な点だと考えている。わたしたちの祖先は、ひとたびこの有力な能力を我がものにすると、過ぎ去った出来事について意見をかわし、間近な未来についてもずっと先の未来についても、万が一に備えた計画を立てることができるようになった。子どもたちには、実際にやってみせたりしなくても、説明するだけで物事を教えることができるようになった。表現されなければただぼんやりとしているだけで実質的な価値をもたない考えや思いつきに、内容を盛り込めることになったのである。この精神と精神の交わりは、着想を豊かにし、概念を研ぎすますことになった。私はチンパンジーを観察していて、ときどき彼らは人間がもっているような言語をもちあわせていないが故に、彼ら自身の中に囚《とら》われてしまっているのだなと思ったものだ」(『心の窓——チンパンジーとの三〇年』どうぶつ社)

言語を使いこなす現生人類は、見よう見まねで石器の作り方を覚えたネアンデルタール人と違い、集団ごとに知識が蓄積されていくようになる。地域ごとの文化の違いも目立つようになる。東京大学の西秋良宏助教授は「ネアンデルタール人の石器は十数万年の間、ほとんど変化がみられない」と話す。毎年、夏になると中東の遺跡に発掘調査に出ている西秋助教授。「ネアンデルタール人の遺跡から現生人類の遺跡に調査地を移ると、人間らしさがプンプンしてなんとも楽しい」ともいう。それも、文化の伝承さらには発展を可能にした言語のおかげと考えられる。

電気製品などを買うと、分厚い取扱説明書がついてきて、うんざりすることがある。だが、取扱説明書も言葉もなく、いちいち作った人から使い方を身振り手振りで教えてもらわなければいけない場合を考えてみれば、言葉のありがたみを想像しやすい。

のどにモチが詰まる

ありがたい言葉だが、しゃべるようになって困ったこともある。いいことばかり、というわけにはいかない。何も、口うるさい人たちに悩まされるということではない。モチがのどに詰まるようになったのだ。

図3−3で、現生人類とチンパンジーの、のどの構造を紹介した。このさきの説明は、少し込み入っているので、混乱したら、この図を見て確認して欲しい。

まず、図を見ると、現生人類の喉頭《こうとう》、つまり気管の入り口の部分がチンパンジーに比べ、下のほうにあるのがわかる。このため現生人類では、喉頭の上に広い空間ができる。声帯から出てきた空気がこの空間で共鳴して、様々な振動数を持つ「声」を口から出すことができる。

チンパンジーのように喉頭が高ければ、吐き出した空気は鼻へ抜ける。口から声を出す

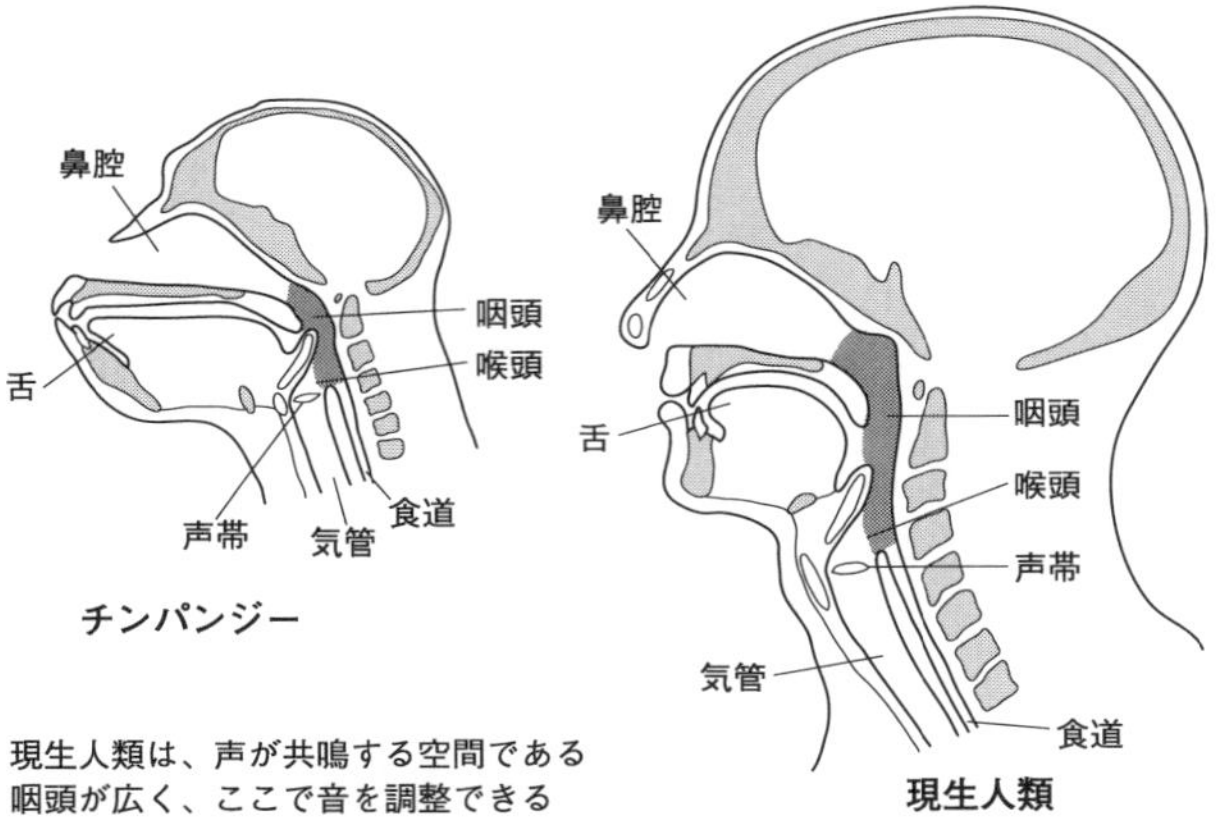

現生人類は、声が共鳴する空間である
咽頭が広く、ここで音を調整できる

図3―3　のどの構造

ときには、特別に筋肉を収縮させて喉頭の位置を下げる必要がある。口から声を出せても、喉頭の上に広い空間がなく音を調節する能力に限界があるので、多様な振動数の声を出せない。ネアンデルタール人の喉頭の位置は、チンパンジーのように高かったとする研究がある。さきほど見た抽象能力にくわえ、体の構造からいってもネアンデルタール人は複雑な言葉を話せなかったと考える研究者もいる。

さて、喉頭が下がって言葉を話せるようになったのはありがたいが、困ったことが生じた。チンパンジーのように喉頭が高い位置にあれば、息は鼻へと通じ、食べ物は口の奥に突き出している喉頭の両わきを通り抜けて食道へと入っていく。空気と食べ物は口の奥で立体交差しており、両者が混じり合う恐れはない。だから、物を食べながら息ができる。大きな肉塊を飲み込むときなど喉頭が邪魔になる場合には、喉頭の位置を下げて食べ物の通路を確保する動物もいるそうだ。

一方、現生人類は食べ物が喉頭にぶつかる心配はないが、食べ物が気管に入っていってしまう恐れがある。「誤嚥《ごえん》」というやつだ。通常は物を飲み込むときに喉頭の先を閉じるのだが、高齢になりこの働きが不十分になると、誤ってモチが気管に入ってしまう。ちなみに、現生人類でも二歳くらいまでは喉頭が高い位置にあるため、ミルクを飲みながら息ができる。

現生人類誕生と創作活動の時間差

言葉に関連してもう一つ。

いよいよ、言葉を話し身近になってきた人類だが、不思議なのは、現生人類が生まれたとされる「二十万～十五万年前」という年代と、抽象的な思考を始める「七万五千年前」との時間差だ。

二十万～十五万年前の現生人類は、脳の大きさや骨格など外見では現代人とほぼ変わりなくなっていた。しかし、心が現代人のようになるには時間がかかったようだ。そのため、初期の現生人類は、体だけが現代人という意味で、学術的に「解剖学的現代人（anatomically modern human）」と難しい表現で呼ばれる。

外見が現代人になった人類は、何をきっかけに心を現代化させたのか――。知的な能力に影響を与える遺伝的な変異があったのか。あるいは、遺伝的な変異ではなく、何らかの社会的な変化、例えば食糧を手に入れる効率が上がったことで生活にゆとりができたり、集団が大きくなり社会性が促されたり、といったことで知的な能力の発達が促されたのだろうか。

南アフリカの「オーカーの刻み目」が発表される二〇〇二年までは、四万～三万年前のヨーロッパに残る創作活動の証拠を重視し、「五万年前の人類に認知能力を急拡大させる遺伝的変異があった」とする説が唱えられていた。しかし、南アフリカでの発見により、この説は通用しなくなってきている。確かに、四万～三万年前にヨーロッパで急激な文化の広がりを確認できるのは事実だが、創作活動の起源はより古い時代の、七万五千年前のアフリカまでさかのぼってきている。ヨーロッパの証拠を重視して、現生人類の知的能力の革命がヨーロッパであったとする考えは、いまや欧州中心主義の残映に過ぎない。

ヘンシルウッド教授らは現在、オーカーが見つかった南アフリカの洞窟にある十四万年前の地層の調査を進めており、創作活動の芽生えを示唆する証拠を見つけ始めているという。ヨーロッパに比べ調査が遅れていたアフリカでの研究が進めば、人類の知性の発展はより古くまでさかのぼり、「解剖学的現代人」誕生との時間差はなくなっていく可能性がある。

「体の現代化」と「心の現代化」との間に、本当に時間差があったのかどうか。あったとすれば、その時間差は何を意味するのか。まだ、解かれていない謎だ。

一方、ひとたび心が現代的になったときには、その時点で人類の能力は現代人とほぼ変わりなかったと最近の研究者は考えている。少なくとも、オーカーの刻み目を作り出した七万五千年前の時点で、現代人並みの能力を持っていたことになる。コンピューターや携帯電話など最新機器に囲まれる現代生活だが、こうした発展は人類がここ数十年で賢くなったから生まれたというわけではない。もともとの潜在力は、七万五千年前の時点といまで変わりない。

とすると、当時といまを分けるものは何なのか。この理由は、偉大なる物理学者アイザック・ニュートン（一六四二―一七二七年）の言葉にヒントが隠されている。

「もし私が、より遠くを眺めることができたとしたら、それは巨人の肩に乗ったからです」

巨人の肩というのは過去から引き継がれてきた知識の蓄積だ。言語を生み出してから脈々と続いてきた歴史が、私たちのいまを支えているということだろう。

魚を食べる

言葉や芸術は、いかにも現生人類らしい特徴だが、古くからありそうで意外と最近に人類が身につけた習慣がある。魚を食べることだ。

ネアンデルタール人など現生人類より前の人類の遺跡からは、魚を捕っていたことを示す明確な証拠は見つかっていない。強力な歯や爪を持つクマが北海道の川でサケを捕まえている映像を見たことがあるが、鋭い歯や爪を持たない人類が海で魚を捕まえるには、優れた道具と戦略が必要だったのだろう。現生人類になって、ようやく魚を食べていた証拠が見つかる。

場所はまたしても、南アフリカのブロンボス洞窟だ。十四万〜七万五千年前の地層から、実に千二百以上の魚の骨が見つかっているという。なかには体重が四十キロを超えると推定できる魚の骨もあった。魚を捕まえた具体的な手法を明らかにする証拠は見つかっていないが、研究チームは「エサをまいて沿岸におびき寄せた魚を槍で突き刺したのではないか」と推定している。洞窟から動物の骨を削って作った精巧な「骨器」（骨をもとにした〝石器〟）が見つかっており、これを槍先にした可能性が指摘されている。

約七百万年前に森で生まれ、約二百五十万前に草原で肉食を本格化した人類は、十数万年前になってようやく、魚という海の幸を手に入れられるようになった。貝を本格的に食べるようになるのも、十数万年前からと考えられている。貝であれば、捕って食べるのに高度な道具や戦略はなさそうだが、証拠が増えてくるのはこのころからだという。

ジャワ原人の意外な末路……小型人類

つくづく、人類の進化は不思議と驚きに満ちていると思う。

二〇〇四年に発表された化石の話を聞くと、そんな思いを改めて強くする。

現生人類が芸術を楽しみ、言葉をしゃべり、現代の私たちと心身ともに変わりなくなっていた約一万八千年前、ジャワ原人の子孫がインドネシアのフローレス島（図3－4）という孤島で生き延びていたというのだ。

新たに見つかった人類は、脳の大きさが約四百ccと現生人類の約三分の一以下で、チンパンジーや猿人並みに小さかった（写真3－7）。身長は一メートルと幼稚園児ほどだった。体重も二十～三十キロ程度と子どもみたいだが、骨盤の特徴や歯の摩耗の状態などから、大人の女性とみられる。

「何かの病気だったのでは」とも思えるほど脳も体も小さいが、こうした特徴を持つ化石が五～七体見つかっており、〝小型人類〟は病気ではなく、正常な大人とされる。

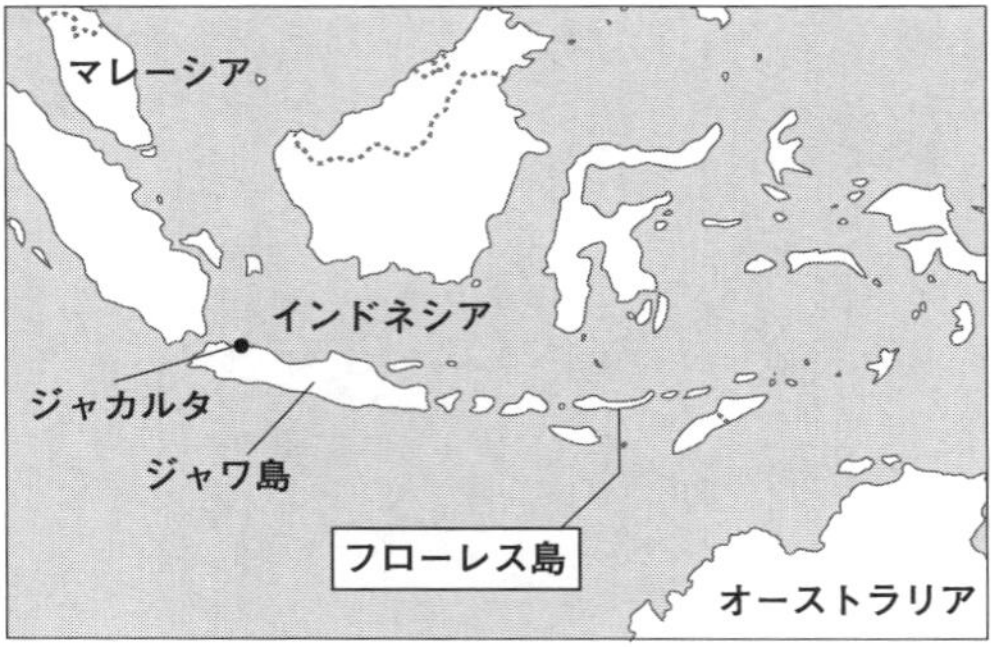

図3－4

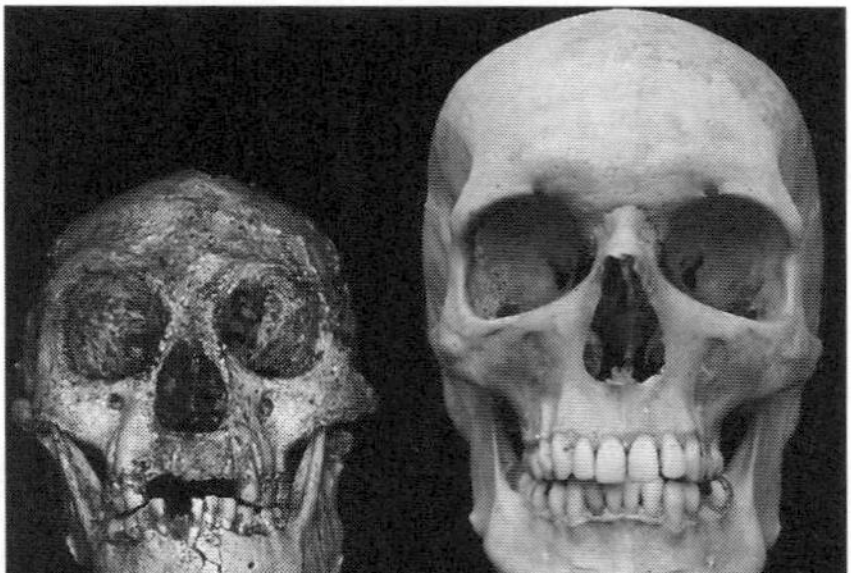

写真3－7　ホモ・フロレシエンシスの頭骨化石（左）と現代人の頭骨（右）
(提供：Peter Brown)

歯や頭骨の特徴からジャワ原人から進化した新種の人類とされ、その名は発見された島の名にちなみ、「ホモ・フロレシエンシス」と名付けられた。身長百七十センチ、脳の大きさが千ccあまりだったジャワ原人に比べ、随分と小さくなってしまった。

「人類は脳が大きくなり賢くなってきた」という筋書きに、例外のあることが初めてわかった。論文が発表された『ネイチャー』誌は、「ここ半世紀で最も注目すべき人類化石」との論評を載せた。米国の科学誌『サイエンス』が選んだ二〇〇四年の科学十大ニュースでは、「NASAの火星探査」に次いで第二位に輝いた。日本の研究者からは「跳び上がるほどの驚き」「変わり者過ぎて評価できない」とのコメントも飛び出した。

小さくなった理由を考えてみよう。

この島では実はゾウも小型だった。すでに絶滅している「ステゴドン」というゾウは通常、体高二～三メートルなのに、この島ではより小型のステゴドンが見つかっている。最も小さいホモ属の人類と、最も小さいステゴドンが住んでいた島なのだ。

まるで「小人の島」みたいだ。

そのわけは島という環境にある。孤島では食糧が限られる。草食獣を襲う肉食獣が少なく、大きな体で身を守る必要がなくなる場合もある。そうした環境で動物が小型になる例はこれまでも知られており、「島嶼《とうしょ》化」と呼ばれる。例えば、約四千年前まで北極圏の孤島で生きていたマンモスも、通常は三メートルくらいあった体高が一・八メートルくらいになっていた。このマンモスは、「コビトマンモス」とも呼ばれる。

小型人類の発見は、島嶼化という進化の現象が人類でも起きうることを初めて示した。人類も進化の法則に従う「一つの動物」であることに改めて気付かされる。

一方、この小型人類は、脳が小さいながらも高度な文化を持っていたらしい。化石が見つかった洞窟からは、槍先に付けたとみられる精巧な石器が見つかった。現生人類の石器に見劣りしない。ネアンデルタール人の石器よりも高度だ。

現生人類がこの洞窟で暮らした痕跡は見つかっていない。小型人類が小さな脳でこうした石器を作り出せたのか、あるいは、どこかで現生人類に教えてもらったのか、それとも、どこかで現生人類が作った石器を拾ってきたのか——。新たに生まれた謎だ。

石器はゾウを狩るために使っていたようだ。

この洞窟からはステゴドンの化石が二十六体見つかった。ほとんどが子どもで、三割は生まれて間もない新生児だったという。ステゴドンが小型になっていたとはいえ、小型人類は成獣を仕留められず、子どもを狙ったようだ。焼けた動物の骨も見つかっており、火を使いこなしていた可能性が指摘されている。

また、化石が見つかったフローレス島は、近くの島と陸続きになったことがないとされている。小型人類たちが、いかにこの島に渡ったのかはわかっていない。

では、小型人類たちの結末は?

研究チームは、詳細を発表した化石のほかに、約一万三千年前の化石も見つけているという。そして、小型人類は約一万二千年前にこの地域を襲った火山噴火で絶滅したと推定している。

現生人類が東南アジアにたどり着いたのは約七万~五万年前とされる。現生人類と小型人類が交流した形跡は確認されていないが、興味深い言い伝えがある。

この地域には「森に小さな人間が住んでいた」という伝説が残っているのだ。小型人類がひっそりと森の中で暮らし、それを目撃した現生人類が噂し合っていたのだろうか。ごく最近まで、この風変わりな人類が生きていたのかもしれない。そう考えると、なぜかワクワクする。私たちには窺い知れないことが、世の中にはまだまだ、たくさんあるということかもしれない。

ただ、こうした小人伝説や大男伝説は様々な地域で伝承されるものであり、偶然の一致かもしれない。森の中のサルを見た当時の人類が勘違いして噂を広めた、という見方をする研究者もいる。

二〇〇五年の三月には、不思議な小型人類のさらなる研究成果が、科学誌『サイエンス』に発表された。頭骨をコンピューター断層撮影法（CT）で撮影し、コンピューター上にホモ・フロレシエンシスの脳を再現して、特徴を詳しく分析した。

その結果、現代人の小頭症などの病変とは似ておらず、改めて、この小型人類が現生人類の病変ではないことが示された。ジャワ原人や猿人などの脳と比べてみると、全体的にはジャワ原人に似ているものの、小型人類の脳は「側頭葉《そくとうよう》」と呼ばれる部分が大きくなっていることがわかった。この部分は、現生人類が言葉を聞いたり理解したりするときに使っている。さらに、現生人類が計画を立てたり、指導力を発揮するときに使う「前頭葉」の部分も発達していることがわかった。

こうした特徴から考えると、小型人類は、脳が小さくても賢かったということになる。先ほど紹介した精巧な石器などを作っていたとしても矛盾はなくなる。ただ、こうした成果にすべての研究者が賛同しているわけではない。「大きな脳が賢い」という暗黙の了解に挑戦する刺激的なテーマだけに今後の展開が楽しみだ。

最後に小型人類の話題をもう一つだけ。さきほど、小型人類は大きなジャワ原人が小さくなったという可能性を紹介したが、新たな研究によりジャワ原人が単に小さくなっただけではないことがわかってきた。そのため、まだ見つかっていない頭も体も小さい人類（初期原人?）が百数十万年前のインドネシアにいて、その人類から大きなジャワ原人とより小さい小型人類がそれぞれ進化した可能性も指摘され始めている。結論を出せるのは、新たな化石の発掘だ。

農耕の始まり

小型人類に興味は尽きないが、現生人類の歩みに話を戻そう。

小型人類が絶滅してから間もなくの約一万年前、中東で農耕が始まる。人類はついに、ほかの生物の進化にまで介入し、自らに都合の良い生物を作り出すようになる。収量の多い栽培種の誕生だ。

実るほど頭《こうべ》をたれるという稲穂だが、もともとの野生種ではこうはいかない。種もみが実っても地面に落ちないと繁殖できない。頭をたれてばかりでは鳥に食べられてしまう。落ちずに頭をたれる稲穂は、人が鳥を追い払って、収穫してまいてくれるからこそ、生きていける。

中東で始まった小麦の栽培種の育成も同様だろう。

「最後まで種もみが粘ってついている小麦を収穫して、また植える」という繰り返しが栽培種の進化を促したのだろう。

人類は自然から食糧を得るだけではなく、自分の力を使って自然を変えられることに思い至った。「人間は自然を変えられる」という思想の誕生だ。

その転機は何だったのか

仮説1　地球規模の一時的な寒冷化が起き、野生種の栽培だけでは食糧が不足した。
仮説2　定住村落にリーダーが生まれ、富つまり力の誇示や他集団との競合のために、食糧を蓄積するようになった。

自然環境による困窮が原因なのか、あるいは、社会構造の変化が農耕を促したのか。これまた、どちらとも決着していない。どちらか一つの理由ですべてを説明できるわけではないのかもしれない。東京大学の西秋良宏助教授は「九〇年代半ばまでならば、環境の変化というところだが、最近は社会構造の変化を重んじる傾向がはやり」という。

農耕が始まる前の一万数千年前でも、「定住」を示唆する建物が北シリアで見つかるなどの証拠が、社会構造説を支持している。さらに時代をさかのぼる約二万三千年前に、麦をすりつぶしてパンを焼いていたこともわかってきた。二〇〇四年、米国などの研究者が発表した。イスラエル北東部の遺跡から、小麦をすりつぶした石皿や、生地を焼いた炉などを発見したという。石器には野生の大麦や小麦のでんぷんの粒が付いていることを顕微

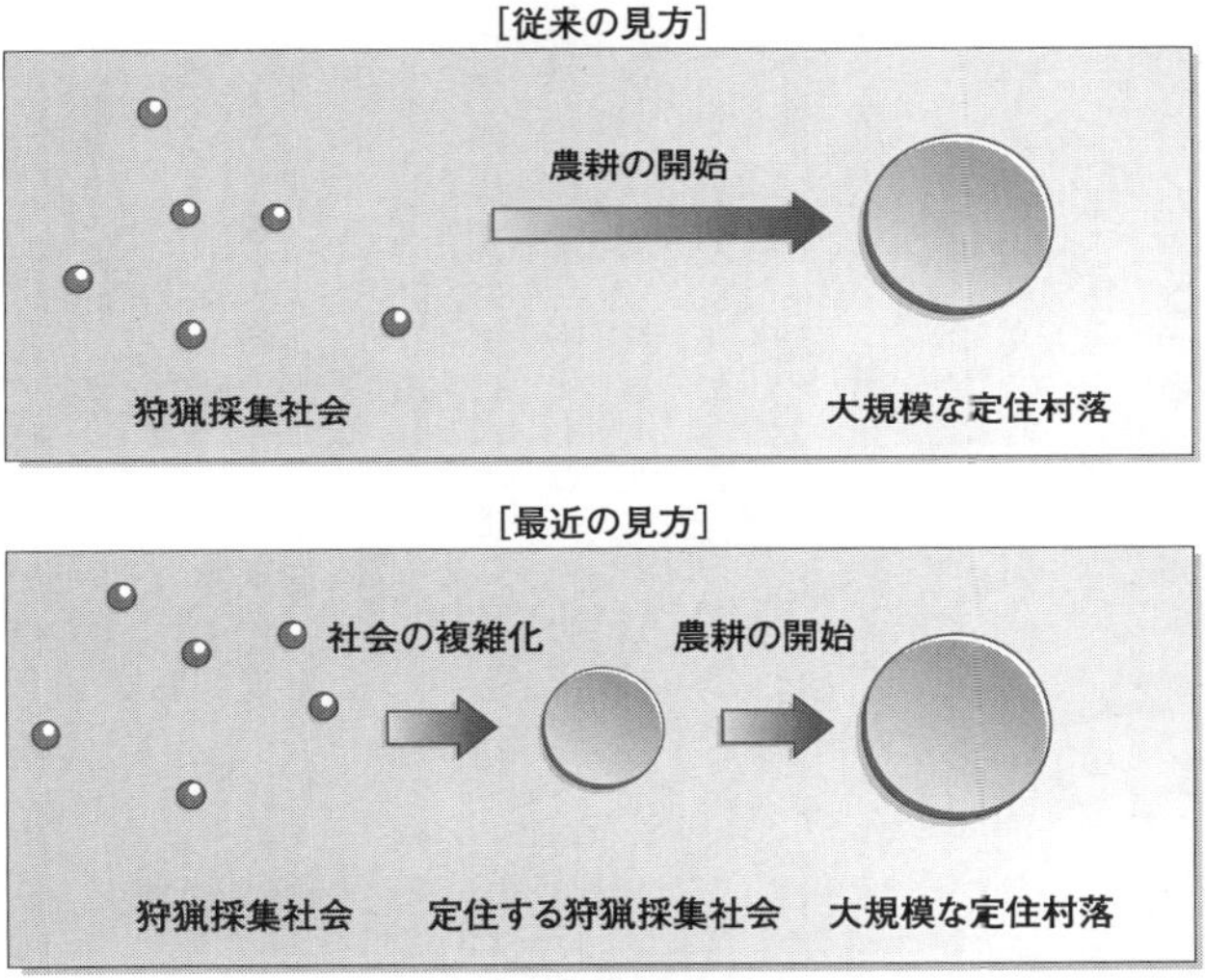

図3－5　農耕と社会構造
『PRINCIPLES OF HUMAN EVOLUTION（Blackwell Publishing）』を改変

鏡を使って確認した。すりつぶしたときに付いたのだろう。すりつぶして焼くという手法で、野生の麦から効率よく栄養を取れるようになり、集団の規模は拡大。リーダーが生まれ、農耕が促されたのかもしれない。

「定住村落で権力者が生まれた。権力者は農耕で得られる安定した食糧をもとに、宴会を開くなどして求心力を保った」という筋書きから、「宴会説」とも呼ばれる。はじめは冗談かと思ったが、真面目な学説らしい。農耕を始めたからこそ社会が複雑になったと言われるが、実は社会の複雑化は先に始まり、それによって農耕が促された可能性があるということだ（図3－5）。農耕が始まると、さらに社会は複雑になる。

農耕の最古の証拠は、一万年前ごろの北シリアの遺跡にあった。実っても種もみが落ちないような栽培種の存在が確認されているのだ。さらに、農耕の痕跡は植物だけでなく、人骨にも残されていた。

北シリアの同じ遺跡から椎間板《ついかんばん》に障害があったとみられる女性の骨が多く見つかるようになる。ヘルニアになっていたようだ。収穫した穀類をすりつぶすために不自然な姿勢を続けたため、と考えられている。また、長時間、立てひざをしていたためか、ひざに障害があったとみられる女性も多かった。

このころの女性が「過重労働だ」と抗議したかどうかはわからないが、過酷な労働による慢性疾患が確認できるのは、このころからになるそうだ。こうした障害が見つかるのは、女性が多く、男女の分業を示す最古級の証拠とも言われている。

そうした献身的な労働のかいもあってか、狩猟採集のころには数十人だった集団は農耕が始まると数百人に膨れ上がる。さらに、「自然は変えられる」という思想を持った人類は、これまで住んでいなかった土地にも種もみを手に出掛けていき、開墾を始める。

シリア北東部の遺跡セクル・アル・アヘイマル（約一万～八千五百年前）は、農耕を始めた人類がメソポタミアにはじめて進出した地だ。この遺跡の現地調査に当たっている西秋助教授は「肥沃《ひよく》な土地に農業が導入され、人類が文明への足がかりを築いた遺跡といえる」と話す。

人口一万人を超える都市文明が誕生するのは、約五千五百年前のこと。イラク南部・メソポタミアの古代都市ウルクでは、農業用水の整備のために集団労働が始まる。職人が作った精巧な石器も見つかる。本格的な分業が始まり、文明は高度になっていく。このころに文字も誕生したと考えられている。また、効率的な農業生産は、富の蓄積を加速させただろう。「農地」という守るべき土地も増える。周辺都市から財産を守るために城壁が築かれた。人口が増えれば、生活の規則を定めて、お互いの思いを尊重しなければならない。規則を定めたり守らせたりといった仕事をする聖職者や政治家、役人なども生まれたのではなかろうか。

農業が始まってから急速に社会の様相は変わってきた。しかし、農業が始まってから現代まで、わずか一万年間。現生人類（ホモ・サピエンス）の歴史の五％、人類史でみるとたった〇・二％弱に過ぎない。この一万年間に起きた人類社会の発展と戦いの変遷は歴史書に譲るとして、再び一万年前に戻って、人類の様子を見てみよう。

家畜を飼う、ペットを飼う

牧畜を始めるのも、約一万年前以降と考えられている。場所は中東の丘陵地帯らしい。本来は住んでいないはずの中東の砂漠からヒツジの骨が見つかるようになる。人類が連れてきたのだろう。様々な動物の骨が見つかっていた所では、このころから急にヒツジなどの骨が多数を占めるようになる。

見つかる動物の、オスとメスの死亡時期の差も貴重な情報になる。オスは体が大きくなれば、「種オス」にする以外、生かしておく価値はない。成熟した後、優秀なオスをのぞいて殺されて食べられてしまう。一方、メスは乳を出すし子どもを生むので、高齢になるまで飼われることが多い。見つかる動物骨に、若いオスと高齢のメスという変化が出てくる。

また、家畜というと大きくて肉がいっぱい取れたほうがいいと思うが、このころの動物骨は小型化の傾向にあったらしい。家畜になると、群れの中で争うことがなくなり、大きな体格が必要なくなるのが原因と考えられている。飼いならされて軟弱になったということだろう。

こうした状況証拠を総合して、牧畜の開始を推定している。見つかる動物の骨は断片的でバラバラになって出てくるので年代を正確に突き止めるのは難しいが、農耕が始まった一万年前ごろよりも少し下るというところが有力視されている。最初に飼いならされたのはヒツジかヤギだと考えられている。

ペットも、このころ生まれたらしい。

まずはネコ。「最古の飼いネコを発見した」とする論文が二〇〇四年、『サイエンス』誌に掲載された。フランス国立自然史博物館などのチームが、地中海のキプロス島でその証拠を見つけたというのだ。年代は約九千五百年前。

飼いネコとした証拠は、埋葬された人骨のすぐそばにネコの骨が見つかったことだ。この墓には磨かれた石器や装飾品、貝などが供えられており、生前は地位の高い人だったことが窺える。そうした副葬品の一つとしてネコがあったことから、人間とネコとの間に何らかの関係があったと解釈できるという。研究者は「飼いならしたネコを、地位の高い人にささげたのだろう」と考えている。

このネコは、アフリカ北部に住むヤマネコで、キプロス島には人類が連れていった。その筋書きは次のように考えられている。

「人類が農業を始めたことで、村には穀物が保存されるようになった。その穀物を狙うネズミが増殖し、人類を悩ませた。ネコがネズミを襲うことに気付いた人類は、ネコを飼うことでネズミの食害を減らした」

役に立つからという理由で飼い始め、だんだんと愛らしいネコのしぐさに魅せられていったのかもしれない。

ネコに並ぶ代表的なペットであるイヌはどうなのだろうか。

スウェーデンなどの研究チームは、現生人類の起源に遺伝情報から迫った手法をイヌにも応用してみた。そして、「飼いイヌの起源は、約一万五千年前の東アジアにさかのぼる可能性が高い」とする論文を二〇〇二年、『サイエンス』誌に発表した。

研究チームは世界の品種をほぼ網羅する六百五十四種類のイヌの遺伝情報と、三十八種類のオオカミの遺伝情報を調べてみた。その結果、約一万五千年前の東アジアの人たちがオオカミを家畜化してイヌを誕生させた可能性が高いのだという。

ネコはネズミ退治に重宝された一方、イヌはまず狩猟犬として人類の役に立ったと考えられている。そのため、農業が始まる前の一万五千年前にまで、起源がさかのぼるのであろう。

飲酒の始まり

社会が複雑になってくると、いろいろな変化が起きる。

約九千年前になると酒造りも始まっていたようだ。

中国河南省から発見された約九千年前の土器から、酒の残りかすが見つかったのだ。そこには、コメやブドウ、はちみつなどの成分が含まれていた。米ペンシルベニア大などの研究チームが二〇〇四年に報告した。

酒の歴史は「中国四千年」ならぬ、「中国九千年」ということだろうか。

当時の社会で生まれ始めていた権力者が、宴会で酒をふるまっていたのかもしれない。現代人の感覚からすると「ようやく宴会が宴会らしくなった」といえる。

酒には、多くの効用があったと思われる。酩酊《めいてい》だけではない。ブドウなどを醸造して酒にすることで長く保存できるようになった。現代のサラリーマンが飲み過ぎで中年太りを気にすることからわかるように、栄養価も高い。また、鎮痛や殺菌といった目的でも使われたと考えられている。

酒は嗜好《しこう》品というだけではなく、文化や生活の発展に大きな影響を与えたありがたい存在だ。もちろん、過ぎたるは及ばざるがごとしだが……。

世界制覇、アメリカへも渡る

この章の最後に、現生人類が世界に広がった足取りを見てみよう（図3―6）。

前にも紹介したが、二十万～十五万年前にアフリカで現生人類は生まれた。

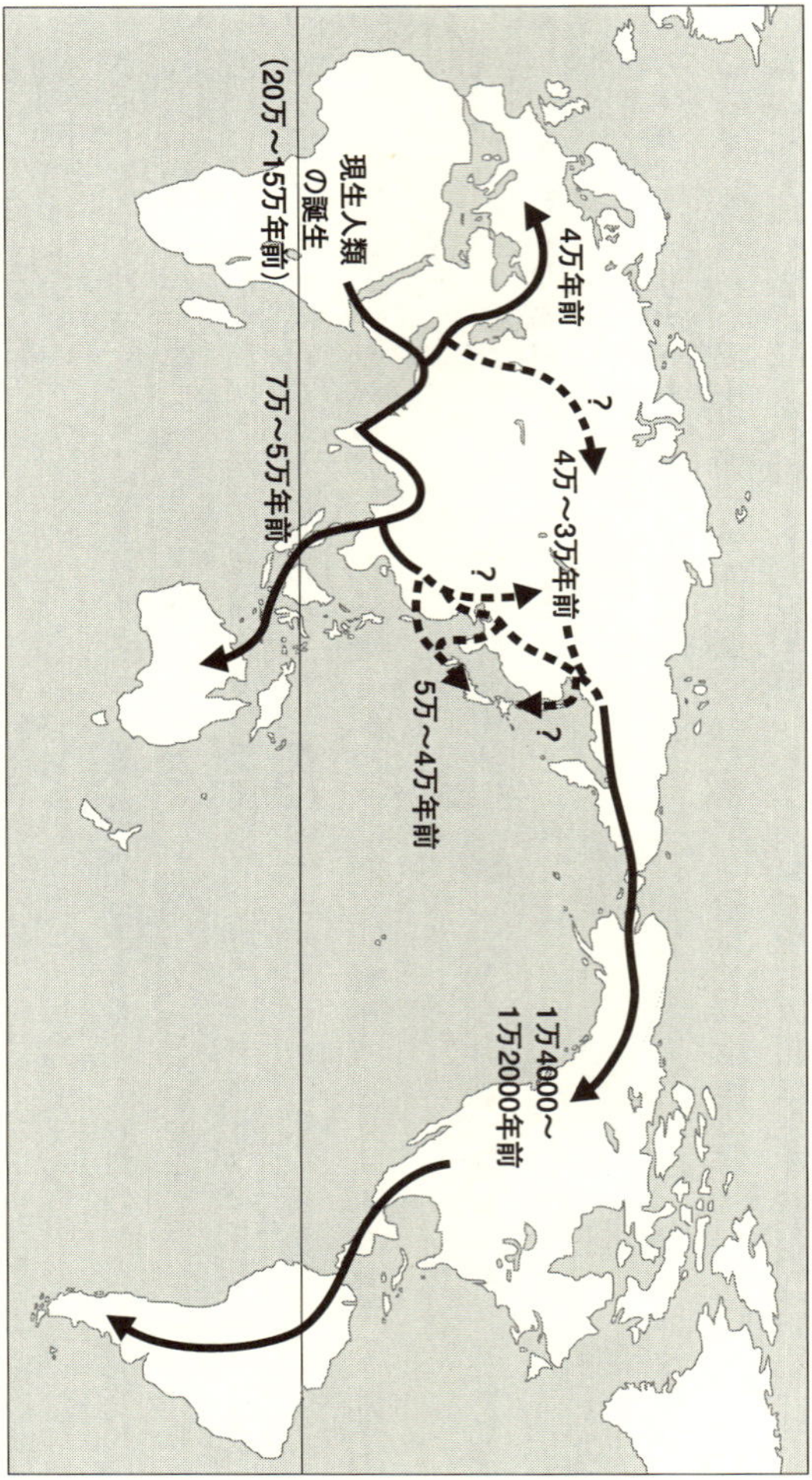

図3−6　現生人類の世界拡散（年代は推定）

アフリカ以外で、最も古い現生人類の化石が見つかるのはイスラエルのスフールやカフゼーという洞窟で、約十万年前になる。

その後、アジア・オーストラリアには、七万～五万年前に到達する。オーストラリアはアジア大陸と陸続きになったことがなく、航海術を身につけた現生人類になって初めて進出した土地とされる。

ヨーロッパにも約四万年前以降に進出し、さきほど見たような芸術を開花させた。

主要な大陸で、人類が最後に進出したのはアメリカだ。アメリカ大陸に現生人類が到達したのは、わずか約一万四千～一万二千年前と考えられている。このころは氷河が発達していた「氷期」で、海面が随分と下がっていたらしい。氷河が発達すると海水面は下がり、氷河が溶け出すとその水が海に流れ込み海水面は上がる。一万数千年前は現在よりも百～百五十メートルも海水面は低かったとされる。

そのため、シベリアとアラスカを分けるベーリング海峡は陸続きになっていて、人類はそこを歩いて渡ったとされる。海峡ならぬ、ベーリング陸橋（ベーリンジア）と呼ばれる。このころのアメリカ北部からカナダにかけては厚さ三～四キロにも及ぶ氷河が発達していたと考えられている。人類がアメリカに入り込んだときには徐々に気候が和らぎ、「無氷回廊」と呼ばれる、氷が溶けた〝通路〟が、アメリカ大陸の北部にできていたらしい。

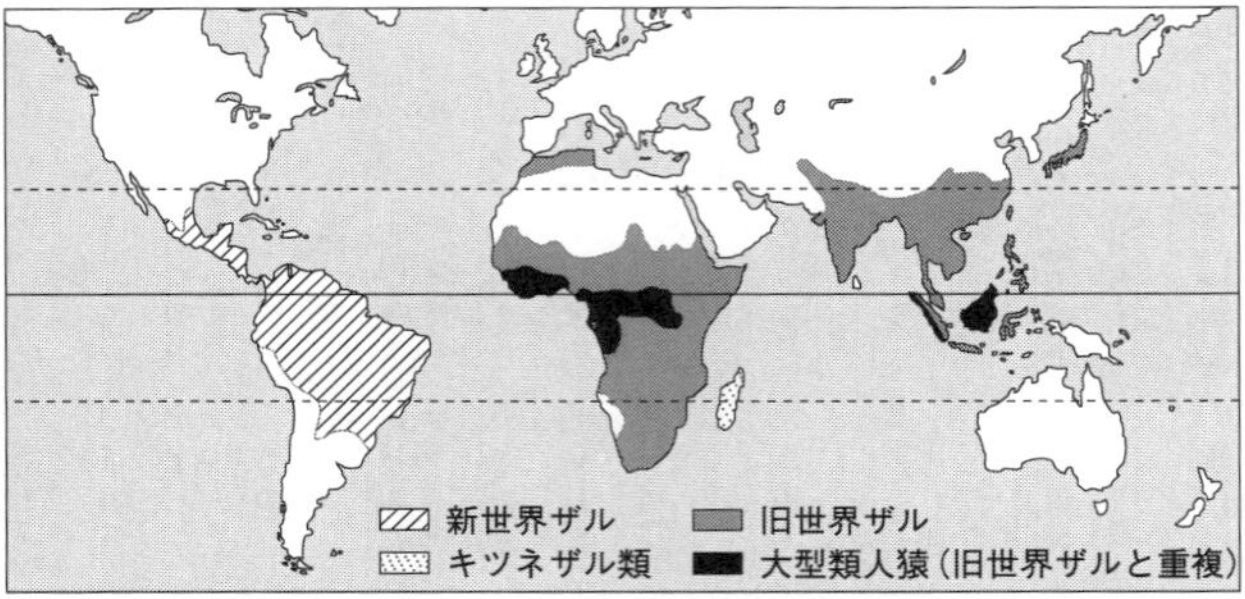

（キツネザル類を除く原猿類は、生息域が旧世界ザルとほぼ重なるため省略した）

図3－7　霊長類の分布

アメリカ大陸への移住をめぐっては、「約四万年前の人類の足跡（メキシコ）」「五万年以上前の石器（米サウスカロライナ州）」などの発見も報告されているが、まだ従来の説を覆すほどの確実な証拠はないようだ。

数千年前になると、人類は南太平洋の島々へも進出して、世界中でくまなく繁殖する珍しい動物になった。一つの種でこれほどまでに世界で幅広く繁殖する動物は、人類をのぞいては見あたらない。図3－7に、現在の霊長類の生息域を示した。約二百種いるとされる霊長類全体で見ても、人類の広がりにはかなわない。人類の強い繁殖力が実感できる。

少し駆け足だったかもしれないが、人類進化をたどる旅は、これで一応の終着点だ。

次の章では、私たちが住む日本列島に焦点を当てて、人類史を紹介してみたい。

第4章　日本列島の人類史

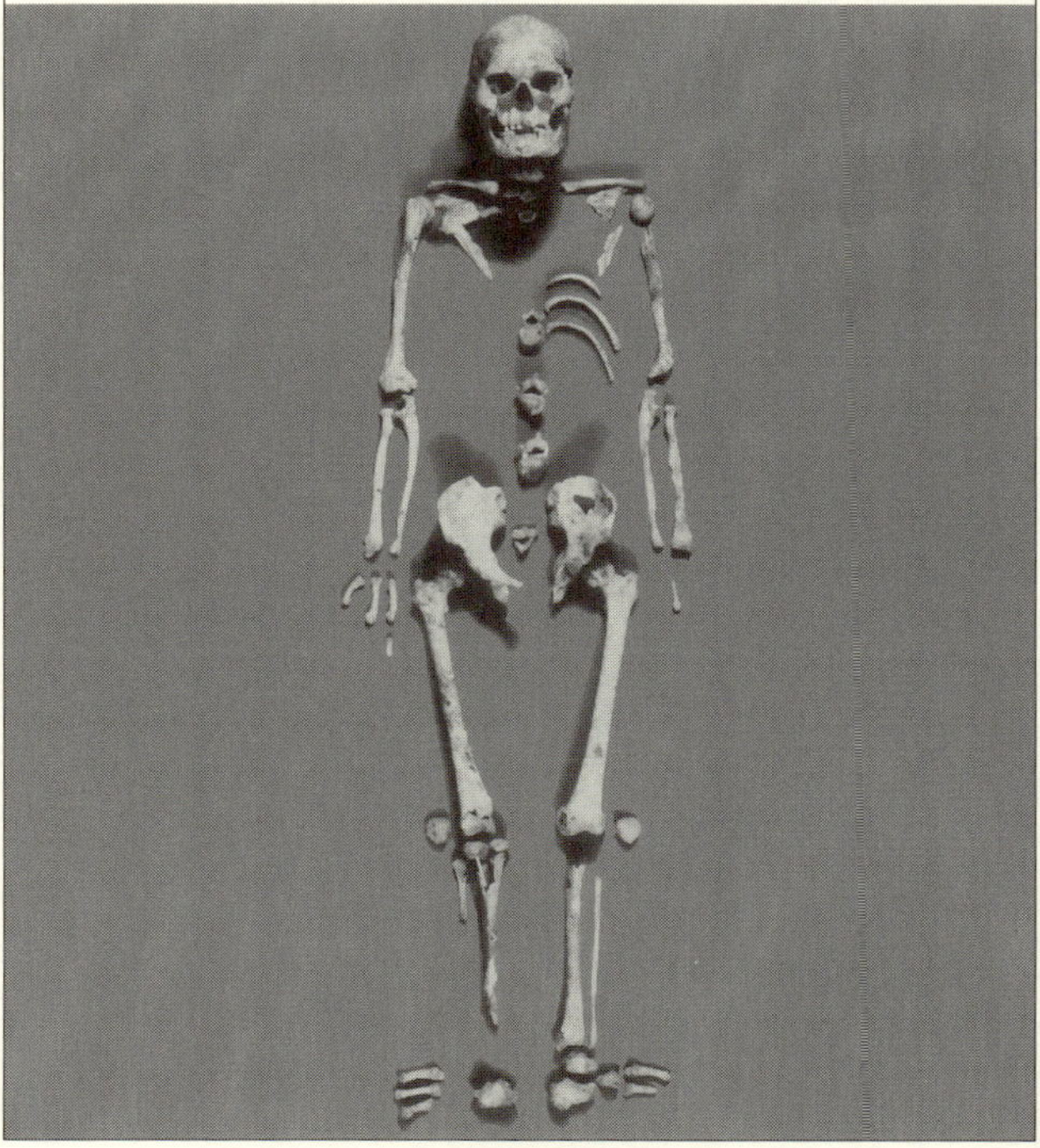

約1万8000年前、日本最古の全身骨格である港川人。日本人の祖先はどこから来たのだろうか（国立科学博物館蔵）

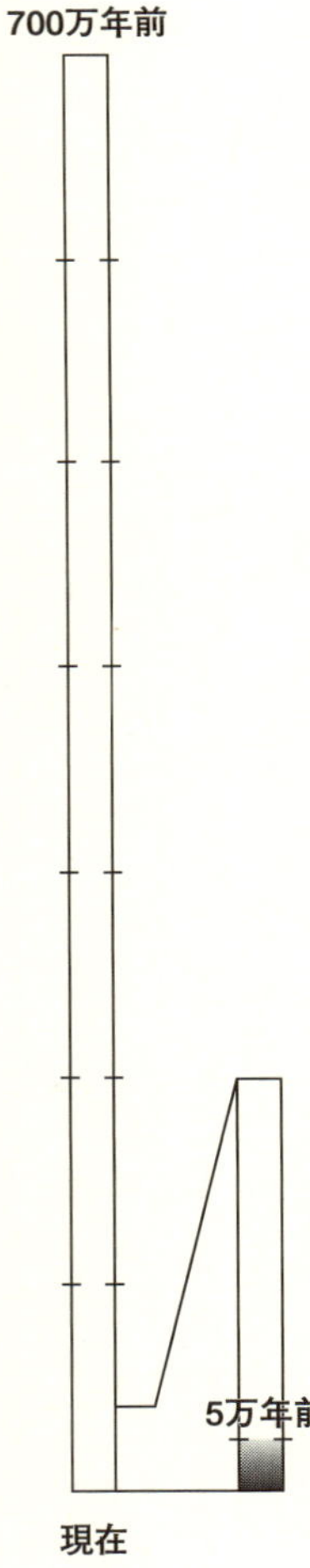

この章で扱う主な年代

混迷する日本人の起源

日本列島に人類はいつごろ、どこからやってきたのだろうか——。

だれもが感じる素朴な疑問だと思うが、答えるのはやはり難しい。

二〇〇〇年十一月まで、日本列島の人類史は約七十万年前までさかのぼるともいわれていた。七十万年前というと北京原人よりも古い。私たち現生人類が生まれるはるか前で、原人の時代になる。

この「最古」と考えられていた成果がでっち上げだったことが、二〇〇〇年十一月に明らかになった。東北旧石器文化研究所の藤村新一副理事長（当時）による旧石器捏造《ねつぞう》事件だ。

毎日新聞の記者が、発掘現場にあらかじめ石器を埋め込んでいる藤村氏の姿をビデオ撮影したことが発端だった。その後、日本考古学協会は約二年半に及ぶ調査のすえ、藤村氏が関与した遺物・遺跡は、ほとんどすべてが捏造であり、学術資料としては使うことができないとする報告書をまとめた。対象になった藤村氏関与の遺跡は約二百ヵ所、石器は三千点に及んだという。

中学や高校の教科書でも紹介され、文化財保護法に基づく国史跡に指定されていた遺跡もあった。教科書は即座に書き直され、国史跡も指定が解除された。

科学的な成果であれば、学術誌に掲載されるときに専門家が研究の手法や成果を検証する仕組みになっている。しかし、藤村氏の〝成果〟は専門家による十分な検証がなされないままマスコミに発表され続け、新聞紙上では「最古」の文字ばかりが躍ることになった。

その代償は大きかった。ある講演会で、一般の参加者が壇上の研究者に詰問した。

「私は藤村氏の成果を信じ、泊まりがけで宮城県の遺跡にまで出掛けていたのに、なぜ専門家が早く見抜けなかったのか」

中国の新華社通信は、「捏造の背景に、世界的な古代文明国になりたいという日本人の心理がある」と評した。

この分析が的を射ているかどうかはともかく、国もマスコミも、「最古」に踊らされたのは事実だろう。

次々と脱落した原人

日本人の起源を巡る混迷は、旧石器捏造事件だけにとどまらない。人骨を巡っても解釈が揺れ動いている。こちらは意図的な捏造ではないので、同じように論じられるものではないが、参考として紹介したい。

縄文時代よりも前の〝日本人〟として初めて世間に登場したのは、「明石原人」と名付けられた人たちだった。

独学で考古学を学んでいた直良《なおら》信夫氏が一九三一年、兵庫県の明石海岸で人骨を発見した。直良氏は、骨を東京大学の研究室に送ったのだが、詳細に検討されることなく見捨てられてしまった。さらに、空襲で燃えてしまうという不運にもあった。

しかし、戦後、残っていたこの骨の複製模型（レプリカ）を分析した長谷部言人《ことんど》氏が、原始的な特徴から原人であるとし、「ニッポナントロプス・アカシエンシス」と名付けた。明石原人の誕生だ。長谷部氏は、東京大学教授を務めた重鎮でもあった。ところが、である。一九八〇年代に国立科学博物館の馬場悠男部長（当時は独協医科大学講師）らが、再検討した結果、縄文時代（一万数千～約三千年前）以降の人類の可能性が高いことがわかった。

紆余《うよ》曲折を経た「明石原人」だが、どうも原人とは言いにくい現状だ。

ほかにも、似た例がある。

栃木県葛生《くずう》町の「葛生原人」は、一九五〇年に発見された八点の標本のうち、四点はニホンザルやクマなど動物の骨であり、残る四点は人骨であるものの、年代は縄文時代以降である可能性が高いらしい。

一九五七年に発見され旧人段階と言われていた愛知県豊橋市の牛川《うしかわ》人骨は、ナウマンゾウの子どものすねの骨である可能性が指摘されている。

ニホンザルの骨と間違うのであればうなずけるが、専門家がクマやゾウの骨を人骨に間違えるのかと思ってしまう。しかし、断片的に出てくる化石で、さらに、その研究者がほかの動物の骨を見慣れていないと、人類の化石に似ていると感じてしまうらしい。馬場部長もかつて、カメの甲羅を人類の頭骨に見誤りかけたことがあるという。台湾で発見された小さな化石骨片が人類の頭骨の一部らしく思えたが、不自然な特徴があったことから動物骨の専門家に意見を仰いだところ、あっさりと「カメの甲羅」であることがわかったという。「カメになって頭を引っ込めたい気分になった」と馬場部長。思いこみに囚《とら》われることは危険だ。

馬場部長は「自信がなければ、謙虚に別の専門家に教えを請う、自分にはわからないという勇気を持つことも重要」と強調する。

本当の最古は？

過去の成果が覆されてきた経緯を見てきたが、現在の研究では、日本列島の人類はどこまでさかのぼるのだろうか。

「七十万年前」がまぼろしとなったいま、日本列島に残る最古の人類の確かな痕跡は「五万～四万年前」とするのが、多くの研究者の見方だ。酸性の火山灰が多い日本の土壌では、骨が溶けてしまい化石として残りにくい。この時代は石器だけが、〝日本人〟の痕跡を浮かび上がらせている。

石器だけか——と思うかもしれないが、石器からも人類の歴史を読み解くことは可能だ。石器には地域差があるので、日本列島に残された石器と、同じ時代の大陸の石器を比較できれば、その石器の主がどこからやってきたかを推定することができる。

しかし、日本列島に最初に住んだ人の石器の作り方が、大陸のどの地域から影響を受けたものなのか、はっきりとわかっていない。東南アジアの石器と似ているとし、南の文化を携えてきたのが最初の日本列島の住人とする専門家もいるが、まだ確実な定説といえる段階ではないようだ。

一方、約二万年前になると、シベリアで多く見つかっている長さ三センチ、幅八ミリほどの「細石刃《さいせきじん》」と呼ばれる小さな石器が北海道で発見されるようになる。尖らせた動物の骨の縁などに多数埋め込んで、槍に仕立てたと考えられている（図4―1）。この武器を使って、当時の人類は野牛やマンモスなどを仕留めたらしい。

北海道ではマンモスの化石も見つかっていることから、人類はシベリアからマンモスを追いかけて日本に渡ってきたのではないか、とも言われている。大陸とサハリン、北海道は当時、陸続きだったと考えられており、そこを渡ってきたのだろう。

石器文化から考えると、二万年前以降は明確に「北」からの移住が示唆される。最初の日本列島人がどこから来たかを突き止めるには、大陸の石器文化とのさらなる比較、検討が必要とされている。

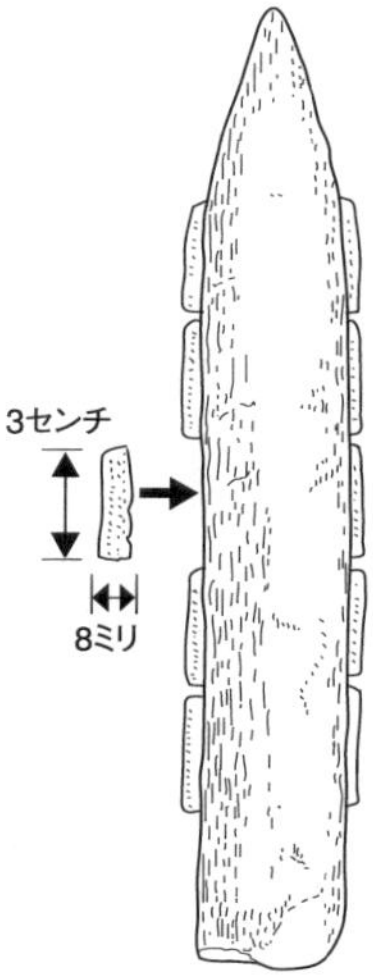

動物の骨などに埋め込んで槍先にしたと考えられている

図4―1　細石刃

日本列島で見つかる人骨では、約三万二千年前の子どもの大腿骨とすねの骨が最古だ。那覇市山下町で見つかった人骨で「山下町洞穴人《どうけつじん》」と言われる。これに続くのが、宮古島で見つかっている約二万六千年前の「ピンザアブ洞穴人」だ。こちらは頭骨の一部や歯などが見つかっている。しかし、ともに断片的な化石で、どこからやってきた人類かを推定するのは難しい。

約一万八千年前の「港川人《みなとがわじん》」はほぼ完全な全身骨格が見つかっている（本章扉写真）。沖縄本島の具志頭村《ぐしかみそん》港川の採石場から一九七〇年に発見された。日本人の由来を話す時に必ずと言っていいほど登場する人骨だ。この人骨は、ジャワ島で見つかっている約一万～数千年前と推定される「ワジャク人」に似ているとされている。先史の日本列島の住民が、南方に起源があるとする説の有力な証拠の一つである。

沖縄では骨が保存されやすい石灰岩の地層が多く、古くにさかのぼる人骨が出てくる理由の一つになっている。港川人が見つかったのも、石灰岩の裂け目だ。

本州で最も古くまでさかのぼる人骨は、静岡県浜北市の採石場で発見された「浜北人《はまきたじん》」だ。約一万八千年前と約一万四千年前の二層で、すねの骨などが見つかっている。新しいほうの骨は縄文人と似ていると指摘されている。

縄文人の遺伝情報を読む

一万数千年前になると日本列島の人類は土器を作り始め、時代の呼び名は「旧石器時代」から「縄文時代」に変わる。この時代に日本列島にいた人たちを「縄文人」と呼ぶ。ひとくくりに縄文人と言われるが、地域や年代により骨の特徴に違いがあるとの指摘もある。ただ、一般的には「彫りの深い顔立ちで、歯が小さい」といった特徴から、縄文人の起源は東南アジアであるとする説が根強かった。

しかし、遺伝情報の研究は必ずしも「東南アジア起源」を支持しない。

これまでにも紹介してきた通り、遺伝情報には人類の過去の歴史が刻まれている。国立科学博物館の篠田謙一室長は縄文人の遺伝情報を解析している。発掘された縄文人の歯の内部などにわずかばかり残っているDNAを取り出して、遺伝情報を読みとる。貴重な標本の価値をそこなわないように、歯に小さな穴をあけて、中に残るDNAを慎重に取り出している。

ちなみに、研究している本人やまわりにいる研究者のDNA情報もこの研究には欠かせない。縄文人の歯を手で触れたりすると、その人のDNAが縄文人の歯についてしまう。すると、縄文人のDNAを研究しようとして、現代の研究者のDNAを解析することになりかねない。歯から取り出したDNAの情報は、データベースにしておいた研究者らのD

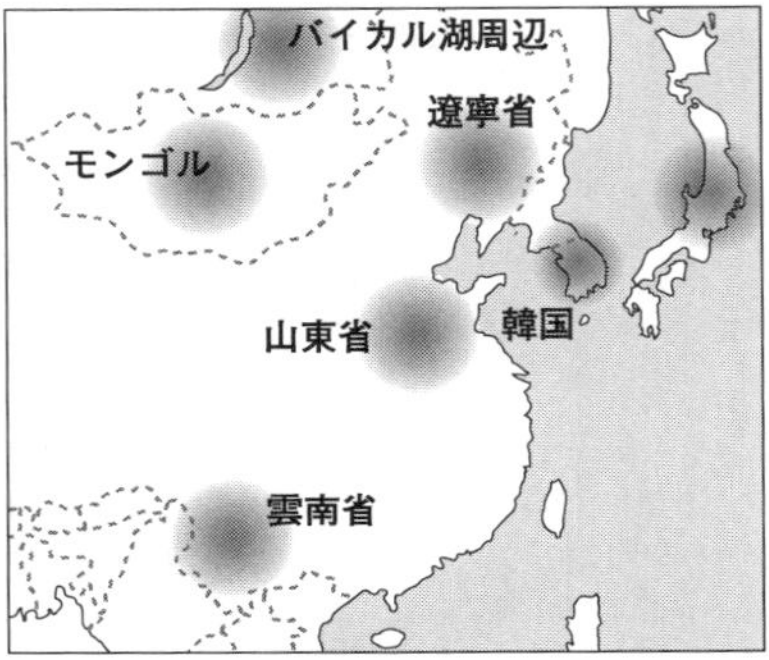

図4—2　縄文人と同じ遺伝情報を持つ現代人集団の主な分布

（篠田謙一氏のデータをもとに作成）

NAと突き合わせ、現代人のDNAが混じったものではないことを確認している。

さて、全国三ヵ所六十八人の縄文人DNAを解析したところ、二十五のグループに分けることができた。縄文人といっても、それほど均一な集団ではない。

さらに、これらのグループが現代のどの地域に住む人たちと近縁なのかを調べてみた。その結果、日本人だけでなく、中国の北東部や雲南省をはじめ、韓国やモンゴル、ロシアのバイカル湖周辺にも同じ遺伝情報を持つ人たちが多く見つかった（図4—2）。一方で、東南アジアの人たちと一致したのは、二〜三割にとどまった。

篠田室長は「縄文人の起源は、中国からロシアにかけて東アジアに広がっていた人たちの可能性が高い」と考えている。

しかし、「研究はまだ途上です」とクギもさす。

時代とともに人類は各地へと浮動する。現代人の集団に縄文人と同じ遺伝情報があっても、即座にその地域を縄文人の故郷とするわけにはいかない。縄文時代より前にはいなかったのに、最近になって移動してきただけかもしれないからだ。

遺伝情報から迫る手法も、まだ、決め手を欠いている。

日本人という幻想

旧石器時代さらに縄文時代の日本列島の人類の由来が、なかなか解き明かせないことをみてきた。石器などを研究する考古学、人骨を調べる人類学、遺伝情報から迫る遺伝学——。それぞれの分野で謎が残るうえ、それぞれが描き出す筋書きもうまく一致しない。

ただ、はっきりしてきているのは、縄文時代までの日本列島の人類の由来は、決して「南」か「北」かの二者択一ではなく、様々な時代に南からも北からも人類が入り込んでいた可能性が高いということだ。

さらに、三千年前以降になると、「渡来系」と呼ばれる人たちが大陸から水田稲作を持ち込み、弥生時代の幕が上がる。彼らがそれまでにいた人たちと混血を繰り返し現代日本人につながってきたと考えられる。

「日本人」というと、実体がある存在のように思えるが、明確に定義するのは難しい。

私たちが中国や韓国の人たちと日本人を見分けるときには、服装や髪形、化粧の仕方な

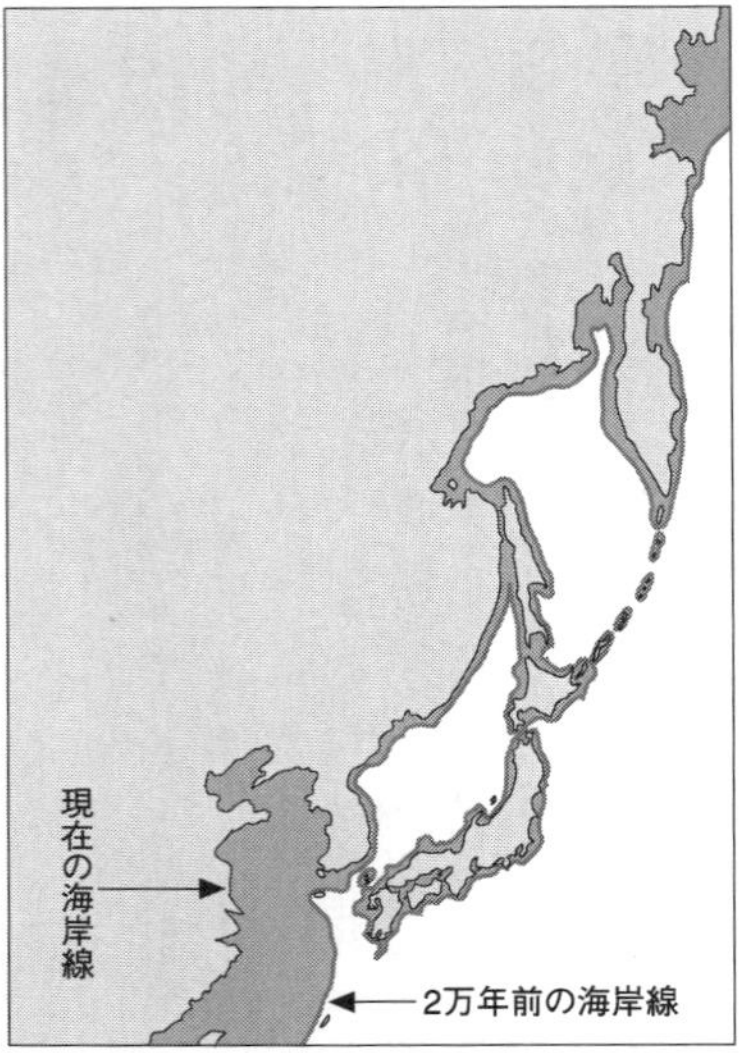

北海道はサハリンを通じて大陸と陸続きになり、日本は「列島」ではなく「半島」だった。津軽海峡は完全に陸続きにならなかったが、10km弱にまで狭くなり冬には凍結し歩いて渡れたらしい（数十万年前には、九州と朝鮮半島が陸続きだったこともある）

図4−3　気候が寒冷だった約2万年前の日本周辺

『モンゴロイドの地球［3］（東京大学出版会）』を改変

どが頼りになる。しかし、そうした文化的な特徴を取り払ってしまい、その人の体や骨の特徴だけで日本人であることを言い当てるのは専門家でもほぼ不可能といわれる。また、遺伝情報という切り口でも、ある一人の遺伝情報を見て、その人が日本人なのか韓国人なのかを言い当てることはほとんどできない。そうした視点で見れば、「日本人」というのは単なる幻想のように思えてくる。

日本列島が現在のような形になったのは約一万年前以降とされる。それまでは、気候が寒冷化して海面が下がるたびに、北海道がサハリンを通じて大陸とつながっていた。また、西のほうでは、九州と朝鮮半島がつながるか、あるいは対馬海峡が川のように狭くなったりしていた。日本列島はいつも孤島だったわけではない（図4―3）。

アジアの東端の日本列島には、アジア大陸から多様な人たちがやってきただろう。

原人や旧人はいたのか

この章の最後に、日本列島の人類史を、人類進化の全体像の中に位置づけてみよう。

第3章で紹介した通り、私たち現生人類は二十万〜十五万年前にアフリカで誕生したと考えられている。その後、約十万年前には世界各地へと広がり始め、それまでにアジアや欧州で生きていた原人や旧人と入れ替わって繁栄した。

日本列島で確認されている最古の人類の痕跡は、約五万〜四万年前。すでに現生人類が世界に広がり始めている時代だ。人類進化の全体から見れば、ごく最近のことと言える。

もし十万年前よりも古い人類の痕跡が見つかれば、それは、「最古を更新」というだけでなく、日本列島にも旧人や原人がいたことを示す大きな発見になる。

日本列島に原人や旧人が生きていた可能性は十分にある。

動物化石、この場合はゾウの化石をみると、約六十万〜五十万年前にはトウヨウゾウ、約四十万〜三十万年前にはナウマンゾウが日本に渡ってきたことがわかっている。これらのゾウは、朝鮮半島と九州が陸続きになったときに、歩いてきたと考えられている。そのとき、人類も日本列島にやってきたかもしれない。陸続きになっていた時代には、東アジアのほぼ端に北京原人（約五十五万〜二十五万年前）が住んでいたわけだから、もう一歩、日本にまで足を伸ばしていたとしても不思議ではない。

日本列島でも、旧人あるいは原人と、現生人類が相まみえることがあったのかどうか——。興味深いが、その真偽については今後の研究を待つしかない。

第５章　年代測定とは

エチオピア・ハダール地区の化石発掘現場の風景。浸食などによって露出した砂漠の表面を丹念に調べ、研究者は化石を見つけだしている。アフリカでの人類化石調査では穴を掘っていくわけではない。果たして、その年代はいかに決めるのだろうか（提供：諏訪元・東京大学総合研究博物館）

鍵は放射性物質にあった

化石の話をするときには、「何年前」という年代が欠かせない。現生人類と同じ形の化石が、もし「百万年前」だったら大ニュースだし、「一万年前」なら特に注目を浴びることはない。年代は、化石の意義を大きく左右する。

ところが、年代が語られるのは、化石の前につく一言だけ。「百万年前の化石」などといつもあっさりと書かれているので、まるで年代を自動解析する装置があるようにも思ってしまう。化石を入れてボタンを押すと、「ピンポーン。百万年前です」と教えてくれる機械があったら素晴らしい。しかし、そんな便利な機械はない。

失われた時間の長さを計るにはどうすればよいのか。

文字の記録があれば、ことはたやすい。引っ越しのときに押し入れから出てきた日記に年月日がついていたら、失われた時間の長さが即座にわかる。しかし化石に日付が刻まれていることはあり得ない。私たちが対象にしているのは、文字のない時代だ。

注意深く自然を見つめる科学者は、「時を刻む目印」になりうる物質を探し出した。その名は「放射性物質」という。放射性物質というのは、「放射線」と呼ばれる粒子線や電磁波を出す不安定な物質だ。そして、放射線を出したあとに、別の物質に姿を変える。

年代測定に使われる代表的な元素である炭素を例に考えてみよう。

^{14}C（放射性炭素）法

炭素は、ありふれた元素だ。私たちの体を作っている「たんぱく質」や「DNA」に炭素は欠かせない。私たちだけでなく、すべての生物は炭素を骨組みにしてできているといってもいいくらいだ。

この炭素には主に、原子量が12と13、14の三種類がある。世の中の炭素の約九九％は原子量が12の炭素（^{12}C）だ。^{12}Cは不安定な放射性物質ではなく、安定して存在している。^{13}Cも安定して存在する炭素で、全体の約一％を占める。過去の年代を探る手掛かりをくれるのは、放射性物質の^{14}Cだ。^{14}Cの割合は、約〇・〇〇〇〇〇〇〇〇〇〇一％と小数点以下にゼロが九個も並ぶほど少ないのだが、過去を知るときに大きな力を発揮する。

^{14}Cは、大気中の窒素（^{14}N）が宇宙から降り注ぐ放射線（宇宙線）の影響を受けて変化するとできる。細かくいうと、宇宙線の影響で^{14}Nの陽子の一つが中性子に置き換わったのが^{14}Cだ。

宇宙線を浴びて無理にできた^{14}Cは、時間がたつと、電子などを放出してもとの^{14}Nに戻っていく（図5―1）。大事なのは、この「もとに戻る速さ」が一定であることだ。

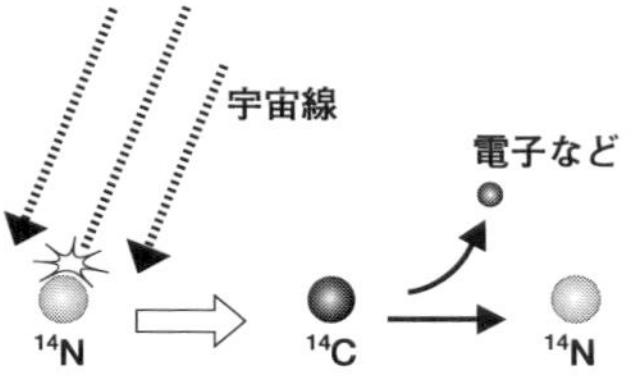

^{14}Nは宇宙線が当たると^{14}Cに変化する。^{14}Cは時間が経つと電子などを放出して^{14}Nに戻っていく

図5―1

^{14}Cの量は五千七百三十年たつと、半分になる。つまり、いまここに百個の^{14}Cがあるとすると、五千七百三十年後には五十個に減ってしまう。そのまた五千七百三十年後には二十五個になる。このように放射性物質が半分になる時間を「半減期」という（図5―2）。

^{14}Cは時計の針のように時間を刻むといえそうだ。「ここに^{14}Cを百個入れておきました」という「ただし書き」が添えられた炭素の塊があれば、その^{14}Cの減り具合から、ただし書きがされてから現在までに経過した時間を推し量れる。

しかし、時計の針が刻み始めた最初の状態がわからないと、^{14}Cがもともと少なかったのか、随分と時間が経過したために少なくなったのかわからない。時を刻み始めた最初の状態を教えてくれる「ただし書き」が自然の中にあるのだろうか。

粘り強い科学者はいろいろな原理を見つけだす。「ただし書き」に使える自然の摂理は確かにあった。

まず、自然界に大量にある^{12}Cと、宇宙線を浴びてできた^{14}Cとの割合はいまも昔もほぼ一定であること。^{14}Nから^{14}Cができる量と、^{14}Cがもとの^{14}Nに戻り少なくなっていく量が釣り合う状態（平衡状態）になっているのだ。いつの時代であっても、^{12}Cと^{14}Cの大気中の比率は、ほぼ変わらない。

そして、大気から炭素を取り込んで成長する植物や、植物を食べて作られる私たちの体の中では、^{12}Cと^{14}Cの比率が大気と同じになる。ただし、これは生きているときの話。生きているうちは、例えば胃の粘膜細胞が三日で、血液に含まれる細胞は百～百二十日で新しい細胞に入れ替わるなど新陳代謝を繰り返している。体の中で炭素はよどむことなく新しく入ってきては出ていくため、体の中の^{12}Cと^{14}Cの比率は大気（炭素のもともとの供給源）と同じになるというわけだ。

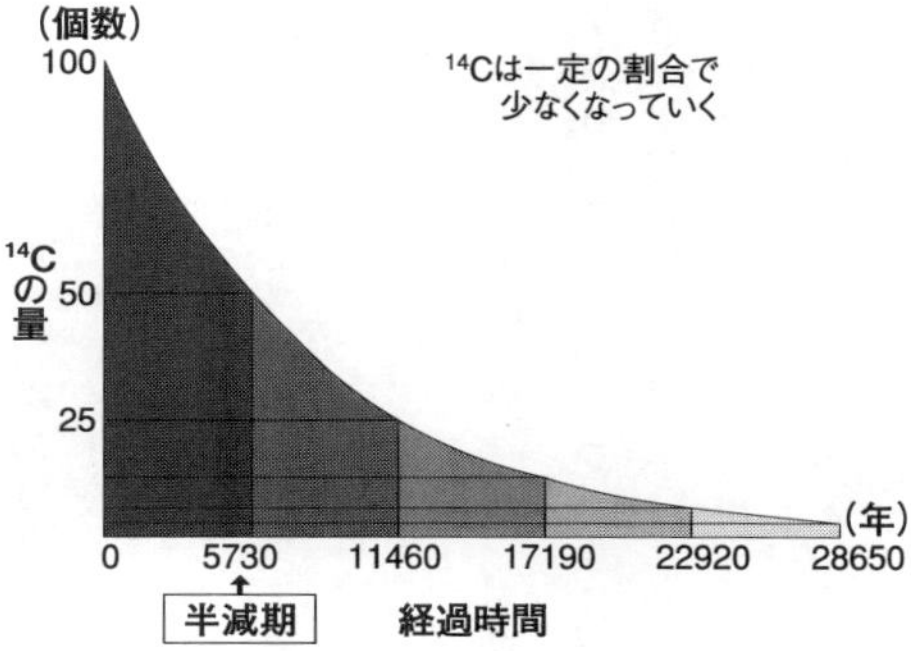

図5−2　^{14}Cの半減期

死んでしまうとどうなるか。体の中に新たな炭素が入ってこなくなり、体に含まれる^{14}Cが徐々に^{14}Nに変わっていくことになる。

つまり、生物が死んだ時点で、〝^{14}C時計〟の針が刻み始めるのだ。自然の法則は「死んだときの^{12}Cと^{14}Cの割合は、現在の大気と同じでした」というただし書きを用意してくれていた。

あとは簡単だ。化石を調べて^{12}Cと^{14}Cの割合をはじき出し、現在の大気組成からどれだけずれているかをもとに、生物が死んでからの時間を推定できる。

^{14}C年代測定の限界

^{14}C年代測定は、科学者の知恵が実を結んだ素晴らしい手法に思える。この手法を確立した米国の科学者ウィラード・リビィ博士（一九〇八—八〇年）は一九六〇年にノーベル化学賞を受賞している。

しかし、限界はある。

まず、大気中の^{12}Cと^{14}Cの割合がいまも昔もほぼ一定であるとしたこと。問題はこの「ほぼ」にある。^{14}Cを大気中に作り出す宇宙線の強さは、地球の周辺の磁場や太陽活動の状況などによって微妙に異なるため、常に一定というわけにはいかない。

そのため、^{14}C年代測定で前提となっている「生物が死んだ時点での^{14}Cの割合は現在の大気と同じ」という原則は厳密にいうと正しくない。

もちろん、科学者は解決策を見つけだした。

毎年の成長が刻み込まれている木の年輪を使う。年輪の一つ一つの縞に入り込んでいる炭素は、成長の過程で入れ替わることなく、その場にとどまっている。その年輪ができた年代もわかる。

つまり、この場合は年代がわかっているので、年輪に残された^{12}Cと^{14}Cの比率を計り、年輪ができた当時の比率を逆算できるわけだ。そこに現在の大気とのずれがあれば、その年代の化石を調べるときに、年代を補正できる。また、別の手法で年代を特定したサンゴなどに含まれる炭素を調べることで、一万年以上前の年代についても補正できるようになってきている。

ちなみに、「現在の大気中の^{14}Cの割合」とこれまで紹介してきたが、ここでいう「現在」とは一九五〇年のことをいう。これは一九四〇年代後半からの原水爆実験のために発生した^{14}Cの量が大きいことや、化石燃料の大量消費による人為的な影響などから、文字通りの現在では、^{14}Cの割合が大きくずれてしまっているためだ。

さて、もう一つの限界は、^{14}Cの半減期が五千七百三十年と比較的短いため、図5―2をみるとわかるように、数万年以上たつと残っている^{14}Cはごくごく微量になってしまい、解析が難しくなることだ。これは^{14}Cを使った年代測定の超えられない壁だ。五万年以上さかのぼる古い年代に^{14}C法を使うのは難しく、別の〝時計〟を用意しなければならない。

カリウム―アルゴン法

この手法で使う放射性物質はカリウム（K）だ。このカリウムにも、おもに原子量が39、40、41の三種類がある。^{39}Kが九割以上を占める。放射性を持つのは^{40}Kだ。^{40}Kは時間がたつと、^{40}Ar（アルゴン）、^{40}Ca（カルシウム）に変化していく。半減期は約十二・五億年と随分と長く、原理的には地球ができた約四十六億年前から約一万年前までの広い年代を測ることができる。

この場合は、^{40}Kと^{40}Arの比率が時計の針になる。^{40}Arが多ければ、それだけ長い時間が経過したことを意味する（図5―3）。

^{14}C法では、生物の死が時計の針をスタートさせる役目を持っていたが、このK―Ar法では、岩石の冷却がポイントになる。^{14}C法は生物が死んでからの時間を計るが、K―Ar法が計るのは岩石が冷却されてからの時間だ。

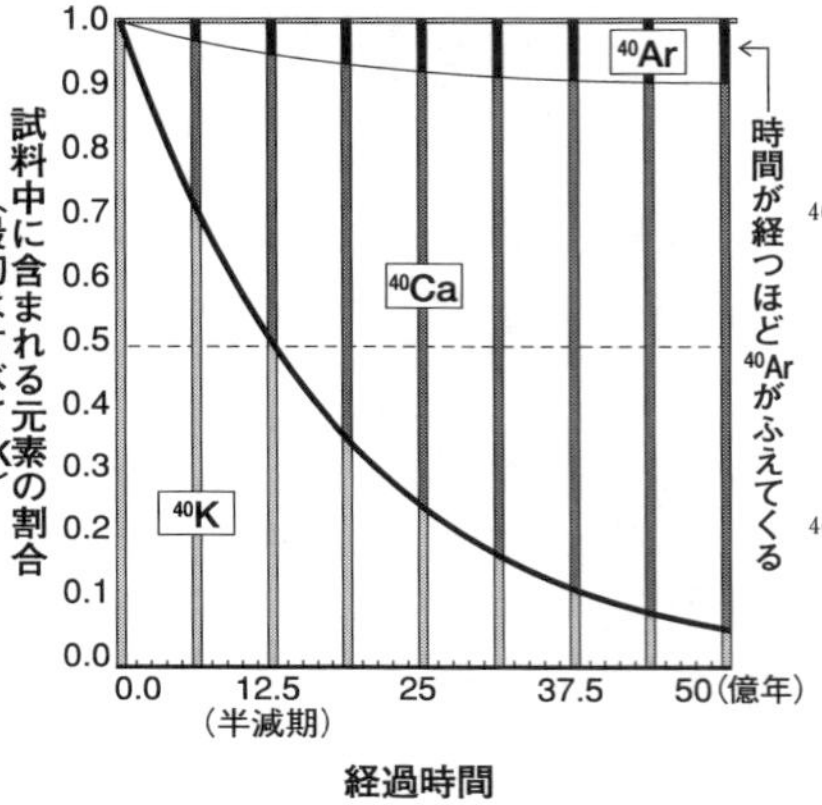

図5―3　K―Ar法の原理

マグマのような極めて高温の岩石では、熱のために中の構造がゆるみ、ふつうはガスであるアルゴンは岩石の外に逃げ出してしまう。つまり、火山噴火で噴き出した直後の岩石（火成岩）は、中に閉じこめられていたアルゴンが抜け出した状態なのだ。それまでに^{40}Kが変化してできた^{40}Arは外に出て、「アルゴン時計」の針がリセットされている。

火山噴火のあと、岩石が冷えてしまうとアルゴンは岩石の中に閉じこめられて外に出られず、再び岩石の中に蓄積されていく。火成岩に含まれる^{40}Kと^{40}Arの現在の比率を求めれば、噴火してから経過した時間の長さを読みとれる。

ちなみに、冷える過程で岩石に大気中のアルゴンが混ざってしまうのだが、この場合の三種類のアルゴン（原子量36、38、40）の比率（同位体比）は大気の比率とほぼ等しくなる。混入率がそれほど高くなければ、現在の大気の比率を岩石に当てはめても問題ないとされている。^{36}Arの量を計り、^{40}Kとは関係なく存在していた^{40}Arの量を見積もることで、大気からの混入の影響を取り除ける。

岩石と化石の年代

化石の年代の話をしていたのに、岩石の年代になってしまった。

化石そのものの年代を決める手掛かりは、化石に残る炭素だ。しかし、この炭素を使っ

^{14}C法は前述したように数万年前までしか使えないため、七百万年ともされる人類の歴史を追うには、化石そのものではなく、岩石の年代測定を利用する場合が多い。

岩石の年代が、化石の年代とどう関係するのか。これがまた、大きな問題だ。

まずは化石ができる仕組みをたどっていこう。

死んだ動物が化石として保存されるには、地中に埋まることが重要だ。地面に露出したままでは、風化が進みすぐにボロボロになってしまう。例えば、川などの水辺で死んだ動物が川底や湖底に沈み、その上に堆積物が積もると、骨は風化を免《まぬが》れ化石として後世に姿を伝える可能性が出てくる。土の中で、骨の成分が鉱物などに置き換わって石のようになると、「立派な化石」になる。

生き物が死んだ直後に近くで火山噴火があり、〝出来立て〟の岩石が死骸を埋めたのであれば、K－Ar法で計った岩石の年代と、化石の年代は一致する。

しかし、そんなに都合良く火山は噴火しない。多くの場合、火山が噴火してできた岩石がしばらく別の場所にとどまり、その後、川を流れ下るか、風で飛ばされてきて死骸を埋める。この岩石の年代は当然のことながら、化石の年代とは一致しない。さきほど紹介したように、K－Ar法が計るのは、岩石が冷えた時の年代だ。

火山灰の地層は岩石や砂の積もり方を調べると、噴火直後に積もったのか、どこかに積

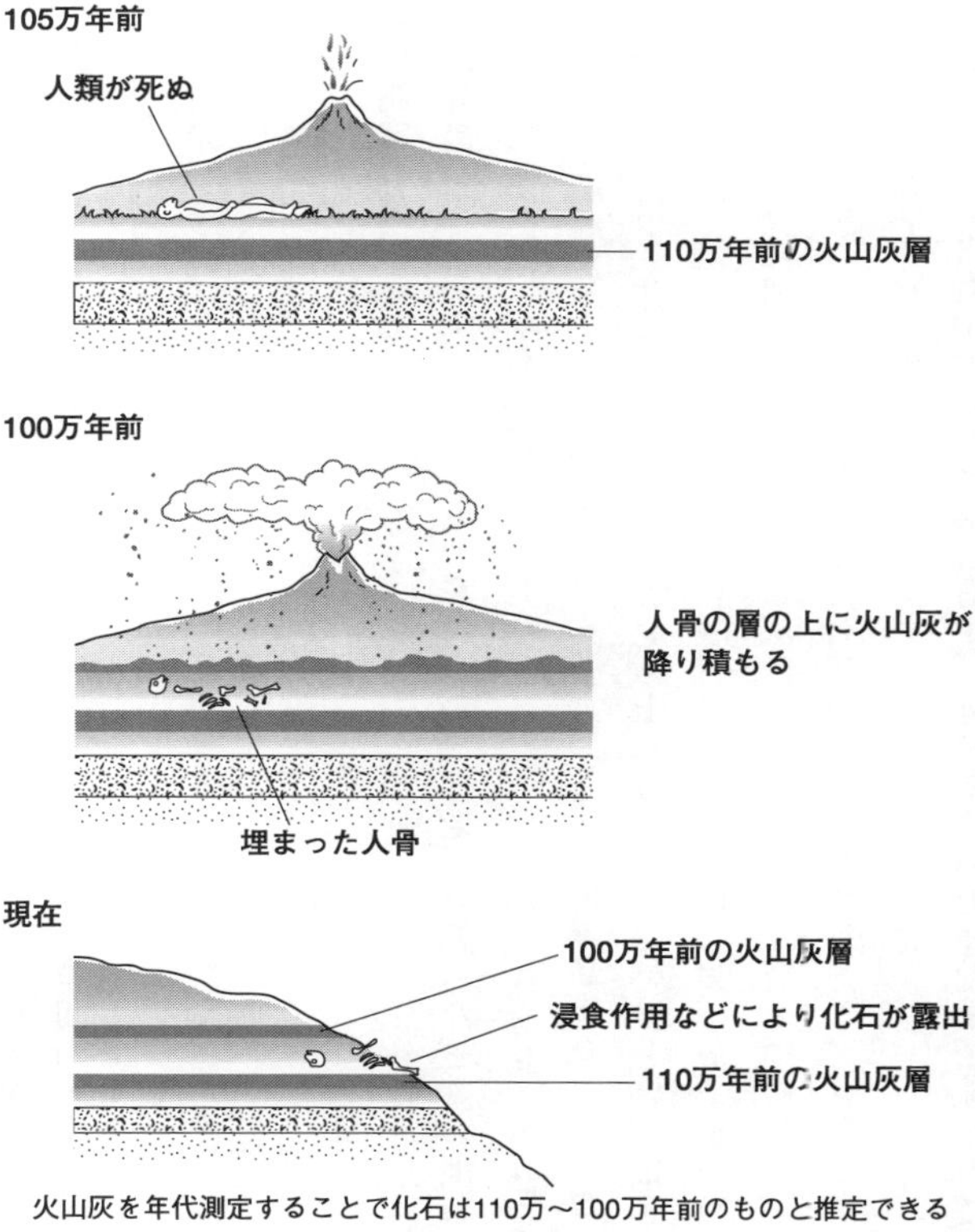
105万年前
人類が死ぬ
110万年前の火山灰層
100万年前
人骨の層の上に火山灰が
降り積もる
埋まった人骨
現在
100万年前の火山灰層
浸食作用などにより化石が露出
110万年前の火山灰層
火山灰を年代測定することで化石は110万〜100万年前のものと推定できる

図５−４　化石と火山灰の関係

『PRINCIPLES OF HUMAN EVOLUTION (Blackwell Publishing)』を改変

もった後に流されてきたのかがわかる。化石の上や下の地層を調べ、その中から火山噴火の直後に積もった地層を見つけだし、化石の年代をその範囲内とする研究が多くなされている（図5―4）。

最古の現生人類化石「イダルトゥ」（117ページ）を例に年代測定の現場をのぞいてみよう。

年代測定の現場

研究チームはまず、イダルトゥが見つかった地層を調べた。この地層には火山噴火がもたらした軽石や黒曜石が含まれていた。これらの石の年代をK―Ar法を改良した方法（Ar―Ar法）で調べたところ、約十六万年前という年代が導き出された。これは、これらの石が火山噴火により地上にやってきてから十六万年たっているということを意味する。

さきほども触れたように、これらの石が噴火直後にイダルトゥを埋めたならば、化石の年代も十六万年前といえる。しかし、イダルトゥが含まれる地層は、鉱物の特徴やその積もり方をみると、別の所にあった岩石が川などで流されてきてできた可能性が高かった。噴火した直後に降り積もった火山灰ではなさそうだった。

例えば、十六万年前にできた岩石が、それから六万年たって流されてきて化石を埋めたかもしれない。この場合、化石は十万年前なのに、同じ地層の岩石は十六万年前となる。岩石は化石よりも長い歴史をもつ。逆にいえば、化石は岩石よりも新しいということになる。

イダルトゥを十六万年前と断定するには、まだ証拠不足。イダルトゥが十六万年前よりもどれだけ新しいかは、上の地層を調べるしかない。地殻変動などで地層が逆転していない限り、上に堆積する層は、常に下の地層よりも新しい。しかし、イダルトゥの上の地層からは年代を測定できる岩石を見つけられなかった。

研究チームは粘り強く手掛かりを探った。

そして、約五百キロも離れたエチオピア南部のコンソ地区に、イダルトゥの上の地層にあった火山灰層と同じ噴火でできたと考えられる地層を見つけた。大規模な噴火は広範囲に同じ火山灰層を積もらせるので、別の場所に「同時代」の目印を刻む。火山灰を構成する鉱物の種類や割合は噴火ごとに微妙に異なり、詳しく調べることで別の場所にある火山灰でも同じ噴火に由来することを突き止めることができる。

幸いなことに、この五百キロ先の地層では、噴火直後に積もったとみられる地層が上にあった。そこの年代を測定したところ、約十五万四千年前の可能性が高かった。つまり、年代を測定した地層の下は約十五万四千年前よりも古いことになる。

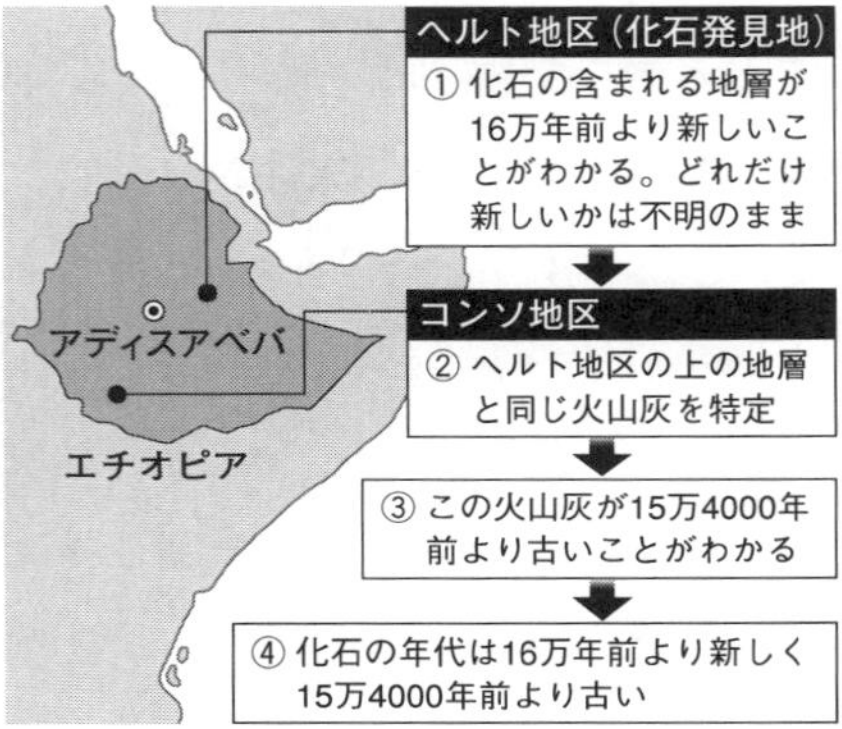
ヘルト地区（化石発見地）
① 化石の含まれる地層が16万年前より新しいことがわかる。どれだけ新しいかは不明のまま
コンソ地区
② ヘルト地区の上の地層と同じ火山灰を特定
③ この火山灰が15万4000年前より古いことがわかる
④ 化石の年代は16万年前より新しく15万4000年前より古い
アディスアベバ
エチオピア

図５－５　最古の現生人類化石の年代測定（概略）

読売新聞2004年10月6日朝刊より作成

これらの証拠をつなぎ合わせると、「イダルトゥの年代は、約十五万四千年前よりも古く、約十六万年前よりも新しい」ということになる（図５－５）。約十六万年前と略して言う場合も多い。

綿密な調査のすえ、イダルトゥが「最古の現生人類」であるとわかった。十万年前ごろの現生人類の化石はそれまでも報告されていたので、イダルトゥがもし十万年前よりも古い証拠を示せなかったら、それほど注目を集めなかったかもしれない。

「何年前」という一言で語られる化石の年代には、多くの努力と、化石の意義を大きく左右する力が秘められている。

「絶対」ではない

ここまで最古の現生人類の年代測定を見てきたので、もう一つ、最古の人類（18ページ）

の年代測定についても紹介してみよう。約七百万年前とされた年代はどのように決められたのか。

この年代は、これまで紹介した放射性物質を使った方法ではわからなかった。化石が見つかったチャドの周辺の地層に、年代測定に適した火山灰層がなかったためだ。

そこで、一緒に見つかった動物を手掛かりに年代を推定している。この地層からは千五百個もの動物化石が見つかっている。その中でもゾウなどの動物は時代ごとにどのように進化してきたか、ほかの場所の研究によって、ある程度の目星がついている。これらを目安に七百万年前という年代を出したのだ。

人類化石とともに見つかった動物の進化の流れが詳しくわかっていて、それぞれの進化段階の年代も突き止められていれば、人類化石の地層の年代を直接調べなくても、信頼できる年代を導き出すことができる。

動物の進化の足取りを追跡して、異なった地域にある地層の前後関係を示す年代を「相対年代」という。「カンブリア紀」や「白亜紀」などといった表現は、この相対年代に当たる。例えば、ティラノサウルスの化石が出てきたら、その地層は白亜紀と言えるだろう。

それぞれの時代に「何年前」という数値を当てはめるようになったのは、二十世紀に入り放射性物質を使った年代測定法が開発されてからだ。こうした実際の数字を持つ年代を「数値年代」という。以前は「絶対年代」とも呼ばれたが、「絶対」といえるほど年代の推定値の精度は高くないため、いまでは「絶対年代」という言葉を使うことは少なくなってきている。

これは大事な点だと思う。数字が出てくると、ついつい確実な情報のように思ってしまうが、それは一種の錯覚に過ぎない。

年代測定そのものに誤差がつきまとううえに、さきほど紹介したように岩石の年代を測定する場合は岩石と化石の年代の不一致も大きな問題になる。それぞれの問題をぎりぎりまで突き詰めた信頼性の高い数字もあるが、測定に適した火山灰層が十分になかったりする場合、信頼性が低いまま使っている数字もある。

数字の裏に隠れる信頼性は、論文を読み込んだり複数の研究者に聞いてみたりしなければわからない。ともすると、背景にある信頼性を無視して数字が独り歩きする場合も多い。

また、化石は古いほうが注目を浴びやすいという事情も影響する。様々な角度からの検証が求められる年代測定だが、「古い年代が出ると、その年代を使う傾向があるのでは？」と指摘する研究者もいる。古い化石が好きな人はいっぱいいる。もちろん、多くの研究者は信頼にたる年代を突き止めようとしていると思うが、ここでも、やはり研究成果に人情がからむ場合もあるようだ。

年代測定について見てきたが、ここで紹介した方法はごく一部に過ぎない。ほかにも地球の磁場の変化から年代を推定するなど、科学者は工夫を凝らして見えない過去の時計の目盛りを探ろうとしている。お茶の水女子大の松浦秀治教授は「年代測定はまだ定まった技術というものではなく、様々な仮定のうえに推定の年代を出す科学といえる」と話す。

第6章　遺伝子から探る

人間とチンパンジーの遺伝情報の違いはわずか1%余りしかない。その違いに隠されている〝人間らしさ〟の秘密を浮かび上がらせようとする研究が活発になっている（チンパンジー写真提供：林原類人猿研究センター）

間違いこそが進化の原動力

化石を中心にして人類進化の足取りを見てきたが、これからは遺伝情報の研究から見えてくる私たちの過去を紹介してみたい。

遺伝情報は、親から子へと伝えられる体の設計図だ。この設計図をもとに、たんぱく質など体の部品がふさわしい時期にふさわしい場所で作られ、生命の営みは維持されている。設計図が正確に子どもに伝えられるからこそ、親子で髪の色や顔立ち、体質が似る。

この正確さが「一〇〇%」だったとしたら、どうだろう。約四十億年前に生まれた微生物が遺伝情報を百パーセント正しく次世代に伝え続けたとしたら、いまも、この微生物だけが地球上で命を謳歌《おうか》しているかもしれない。

生物の進化を促すのは、遺伝情報を次の世代に間違って伝える「突然変異」だ。意外かもしれないが、間違いこそが、新たな生命の可能性を生み出している。

もちろん、間違ってばかりでは困る。多くの場合、間違いは死をもたらし、次の世代への命のたすきを絶やしてしまう。間違いが多ければ、生物はアッという間に絶滅してしまっただろう。だから、生物は間違いをできるだけ抑える仕組みを持っている。その間違いを抑える仕組みを逃れ、たまたま起きる〝有益〟な突然変異が、〝進化〟を進める。四十億年という気の遠くなる時間のなかで、生命は突然変異という程良い揺らぎを見せながらいまの私たちにつながってきた。

生命の存続を維持しつつ、適度に間違いながら新たな生物を生み出す。つくづく、生命の仕組みとは巧妙だと思う。この章では、人類を生み出した突然変異を見ていこう。遺伝情報が体の設計図である以上、直立二足歩行や脳の増大、高度な知能などの人類の特徴は、遺伝子の変化（突然変異）に裏打ちされているはずだ。

人類の場合、一世代で起きる突然変異（一塩基あたり）の確率は、五千万分の一と見積もられている。つまり、五千万個の「塩基」があれば、うち一個が一世代で突然変異を起こす可能性が高いという計算になる。

この塩基というのは何か。

まずは、ＤＮＡや遺伝情報、塩基という言葉の説明から始めたい。言葉の説明は少し退屈かもしれないが、概略だけでも感じ取って欲しい。その後、遺伝情報からわかる人類の来歴に迫ってみよう。

ＤＮＡと遺伝情報との関係

ＤＮＡ、塩基、ゲノム、遺伝情報、遺伝子——。

この分野の話をするときによく出てくる単語だ。それぞれの言葉の関係を少し説明しておきたい。

DNA（デオキシリボ核酸）とは、遺伝情報を運んでいる物質の名前だ。DNAは細胞の中で二重らせんを巻いている。DNAの中で、実際に情報を記録している分子を「塩基」という。塩基には、アデニン、チミン、グアニン、シトシンの四種類があり、それぞれの頭文字を取って順にA、T、G、Cと略す。四種類の塩基が、二重らせんの上に並んでいて、その並びが生命の設計図としての情報になるわけだ。アルファベットでいえば、二十六種類の文字の並び方が意味をなすように、塩基は四種類の並び方が意味のある情報を作り出している。

突然変異が起きるというのは、例えば、もともとAだった塩基が、何かの拍子にほかの塩基（T、G、Cのいずれか）に変わってしまうことをいう。塩基が変われば当然、情報の意味が変わる。アルファベットのたとえでいえば、「Beer（ビール）」が一文字変わっただけで「Deer（シカ）」になってしまうようなものだ。

人間の体を作っている細胞は約六十兆個もあり、その一つ一つの細胞の「核」という部分にDNAが入っている。DNAはわずか〇・一ミリ以下の細胞の中に折り畳まれているのだが、取り出して伸ばすと約二メートルにもなる。随分と長いDNAは、細胞の中で二

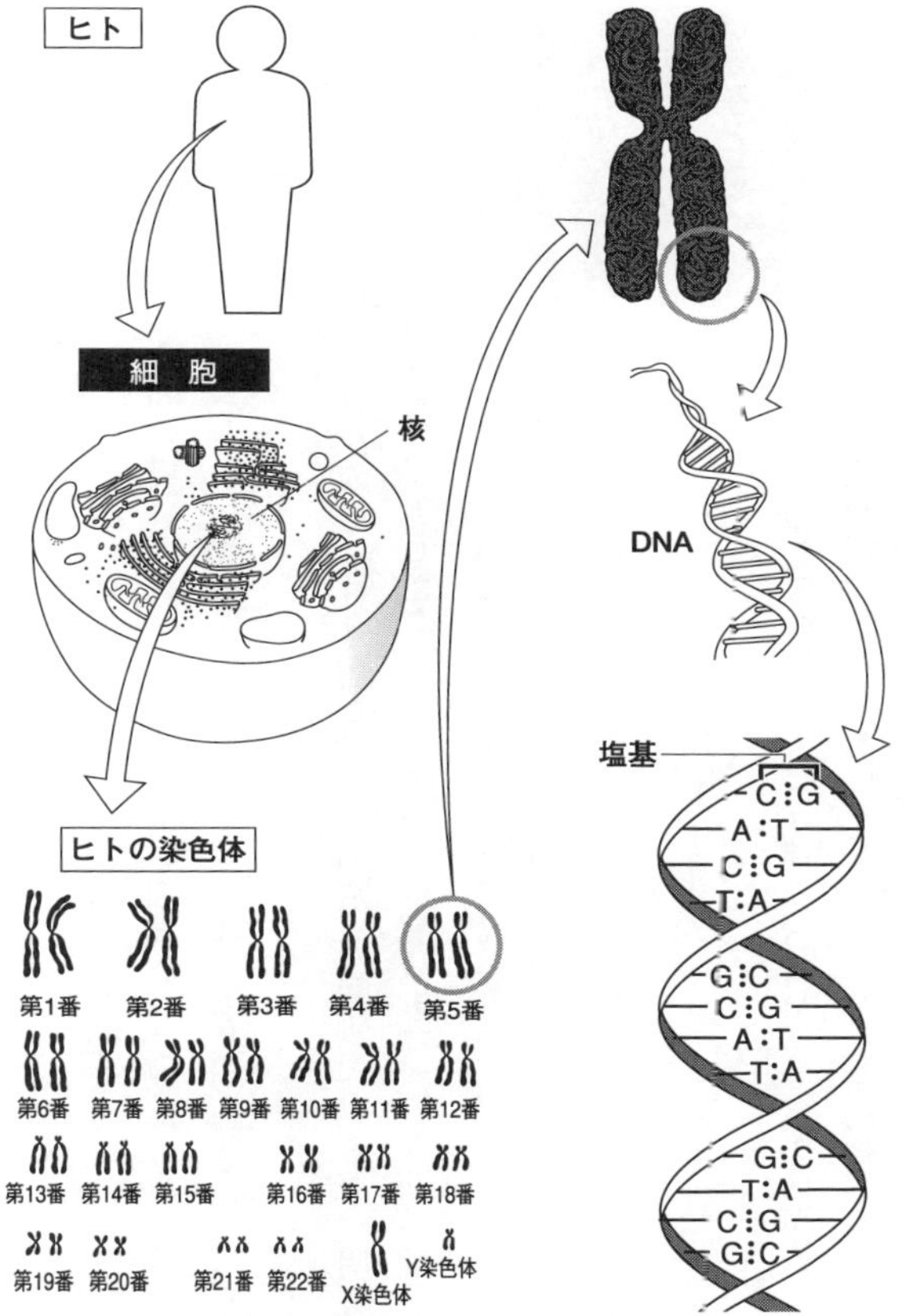

染色体に記録されている情報全体をゲノムという。このうち、たんぱく質を作る情報を持つ部分が遺伝子

図6−1　ゲノムと遺伝子

『現代科学のキーワード』（講談社ブルーバックス）より

十三対《つい》、四十六本に分かれて畳み込まれている。この一本一本を染色体という（図6―1）。

一つ一つの細胞の中のDNAには、父親からもらった情報と、母親からもらった情報の二セットがある。ゲノムとは、この一セット分の情報のことをいう。ゲノムは日本語でいうと全遺伝情報だ。人間の場合、ゲノムは約三十億個の塩基で記録されている。人間のゲノムなので、ヒトゲノムという。ちなみにイネであれば、塩基の数は約三億九千万個ありイネゲノムという。

ヒトゲノムの塩基の並び順は、日米英など六ヵ国の共同研究チームが明らかにしている。二〇〇三年四月には、参加した各国の首脳が完全解読を宣言した。約三十億個の塩基について、A、T、G、Cの四文字がどのように並んでいるかを一つ一つ突き止める地道な研究は、六ヵ国約二千八百人の研究者が力を合わせ、十三年がかりで完了した。人類にとって初めて月に行ったアポロ計画に匹敵するといわれたほど、大がかりな研究だった。

遺伝子とは？

遺伝子とは、ゲノム（全遺伝情報）の中で「たんぱく質」を作り出す情報を持つ部分のことだ。たんぱく質は、食べ物を消化したり筋肉を動かすなど、命の営みを支える「部品」だ。たんぱく質が生命活動をになう〝役者〟とするならば、遺伝子はその役者の動きのもとになる〝台本〟のようなものだ。

ヒトゲノムが解読されたのだから、それぞれの遺伝子の情報の意味、つまりそこから作られるたんぱく質が細胞の中で実際にどのように働いて、生命の活動を維持しているのか、それもわかりそうな気がする。

しかし、これは難題だ。

四種類の文字（塩基）の並びでつづられている遺伝子が持つ意味は、まだまだわからない。アルファベットの並びがわかっても、辞書がなければ言葉の意味がわからないのに似ている。私たちはまだ、ゲノムの意味を読み解く〝辞書〟を持っていない。遺伝子の働きは断片的にしかわかっていない。

大事な遺伝子だが、ヒトゲノムの中で占めている部分は、わずか一～二％程度に過ぎない。遺伝子をのぞく大部分の遺伝情報には、同じ塩基の並びがただ繰り返すだけの部分や、以前は遺伝子として働いていたのに突然変異で働きを失ってしまった残骸《ざんがい》のような部分（偽遺伝子）などがある。これらの多くはとくに働きを持たず、ときにジャンク領域といわれる。つまり、〝がらくた〟だ。ゲノムには、いらなくなったものをその都度、掃除してくれる便利な仕組みがないので、〝役立たず〟でもそのまま残ることになる。その結果、現在は働いていない部分がゲノムのほとんどを占める事態となっている。

また、ヒトゲノムにある遺伝子の数はかつて十万個ともいわれていたのだが、研究が進むにつれ引き下げられて、現在の推定では二万数千個にまでなった。ショウジョウバエや線虫の遺伝子の数が二万個前後といわれているので、遺伝子の数だけで見れば、人間とハエはたいして変わらない。

チンパンジーと比べる

では、本論に入ろう。

〝人間らしさ〟を生み出した遺伝子の変異を探る一つの戦略は、チンパンジーの遺伝子と人間の遺伝子を見比べることだ。両者で違う部分にこそ、直立二足歩行を生み、脳の増大をもたらした秘密が隠されているはずだ。そこに、「私たちが人間である」わけが書き込まれているかもしれない。

チンパンジーなど類人猿の染色体は二十四対だが、人間は二十三対。人類は、進化の過程で類人猿の二本の染色体が一つになって二番染色体（二十三対のうち二番目に大きい染色体）になったので一対少ない。七百万年の人類進化のなかで、いつ染色体の数が減ったのかはわかっていない。

染色体の数が違うとはいえ、塩基の数は人間もチンパンジーも約三十億個で、ほぼ変わりない。両者の間での遺伝情報（塩基）の違いは約一・二三％に過ぎない。

さて、一・二三％と聞いて、「たった一％しか違わないのか」と思うかもしれない。ラットとマウスは同じネズミでも遺伝情報は一五〜二〇％も違う。いかに人類とチンパンジーが近縁かがわかる。しかし、「たった一％あまり」が大きな意味を持つ。

理化学研究所などの研究チームは二〇〇四年、チンパンジーの二十二番染色体の塩基の並びを解読したと発表した。チンパンジーの二十二番染色体と、それに対応する人間の二十一番染色体とを比べて、それぞれにある二百三十一個の遺伝子を調べたら、約八割の遺伝子の働きが人間とチンパンジーでは違う可能性のあることがわかってきた。

一・二三％の違いがなぜ、八割になるのか。

例えば、三千個の塩基が情報を記録している遺伝子の場合、単純に考えれば、その一・二三％、つまり三十七個の塩基が異なっていることになる。

その三十七個に、遺伝子の働きに重要な情報が記録されていたとすると、たった一・二三％とはいえ、その遺伝子から作られるたんぱく質の働きが決定的に異なることになる。この研究で調べた二百三十一個のうち、人間とチンパンジーが同じ情報を持つ遺伝子は三十九個あったが、約八割の遺伝子は両者で働きが違う可能性があったのだ。重要な情報を持つ遺伝子の部分に変異は少ないと思われていたのだが、意外と多かった。

人間の遺伝子は二万数千個とされるので、その八割が違うとなると大変な数になる。ただ、すべての違いが人間らしさに関係しているわけではない。違いのうちほぼ半分は、チンパンジーの進化の過程で起きた変異によるもので、〃チンパンジーらしさ〃に関係しているはずだ。人類の系統で起きた残る半分の変異のなかでも、人間らしさに直接結びつかない違いが多くあるはずだ。チンパンジーと人間の遺伝情報の違いが持つ意味を探り、どの変異が人間らしさの源泉となっているかを突き止める研究はこれからだ。ようやく研究材料がそろい始めている段階といえる。

人間らしさにつながる可能性が指摘されている遺伝子の変異はまだ、せいぜい十個程度に過ぎない。これまでの研究から垣間見える人類の突然変異の歴史を紹介してみよう。

あごが弱り、脳が大きくなる?

「人間の脳が大きくなったのは、あごの筋肉が弱くなったから?」

意外な気がするが、米国の研究チームがそんな研究結果を二〇〇四年に『ネイチャー』誌に発表した。

研究チームがあごの筋肉を作り出す遺伝子を調べたところ、チンパンジーやオランウータン、マカクザルやイヌなどで働いている遺伝子が、人間では働いていなかった。これは筋肉の一部となる「ミオシン」というたんぱく質を作り出す遺伝子だ。手足や心臓など筋肉の場所によってミオシンの種類は違うのだが、人間ではあごの筋肉で働くべきミオシンの遺伝子が突然変異によってダメになっていた。類人猿では、この遺伝子が作り出す強靭《きょうじん》な筋肉が頭骨を広く覆っている（図6―2）。

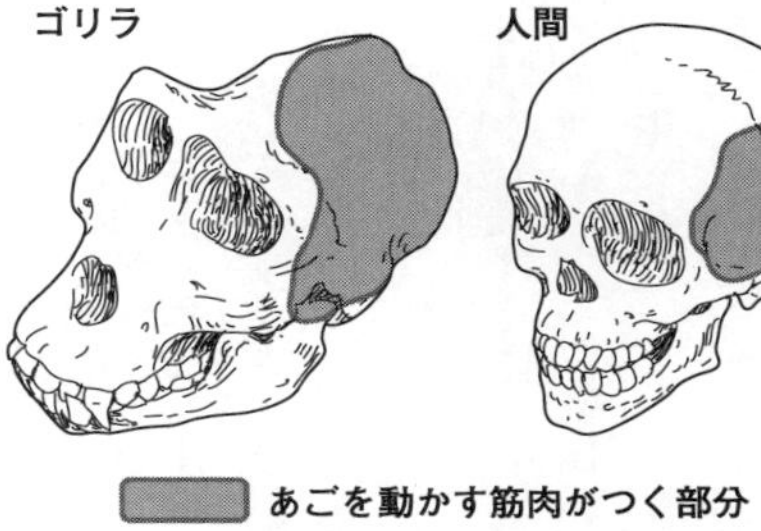

図6―2

「Nature Vol. 428, p417（2004年）」を改変

研究チームによると、この「あご弱体化」をもたらした突然変異が起きたのは約二百四十万年前だそうだ。ちょうど、猿人が原人へと進化し、脳が大きくなり始めていたころだ。化石が示す人類進化の道のりと、つじつまが合う。

「あごの筋肉で縛り付けられるようになっていた頭の骨が、遺伝子の突然変異によって自由になり、脳の大型化が可能になった」

研究チームは、そんな筋書きを描く。

一つの遺伝子だけで「脳の大型化」を説明しきれるわけではないだろうが、遺伝子の研究が化石に残る人類の軌跡を裏付けようとしている一つの例だ。

突然変異の時期を二百四十万年前と推定した手法も簡

単に説明しておこう。化石の年代は第5章で見たように放射性物質という便利な時計の針によって推定している。しかし、遺伝子の変異はどうするのか。

ここにも、巧妙な手法があった。

遺伝子の働きが生きていくうえで欠かせないとき、その遺伝子に変異が起きてしまった個体は死んでしまう。ランダムに起きる変異はたいてい、遺伝子を壊してしまうからだ。遺伝情報をアルファベットにたとえた比喩でいえば、単語のアルファベットをランダムに取り換えてしまうと、多くの場合、文章が意味をなさなくなるのに似ている。

だから、大事な遺伝子に変異が起きると、受精してから出産までがうまくいかず、そもそも生まれてこないかもしれない。生まれてきても不都合が多くて、次世代に子孫を残せない。その突然変異は一世代で絶えることになる。

いま説明している「あご弱体化」変異は、人類がちょうど石器を使い始めたころだ。あごの筋肉が軟弱になっても、石器で食べ物を砕き柔らかい物を食べられたからこそ、変異の起きた個体が生き残れたのだろう。そして、筋肉で縛り付けられていた頭が解放されることで、脳が大きくなる余地が生まれたのかもしれない。

条件がととのっていないときに起きる突然変異は次世代に伝わらず、遺伝子に変異は蓄積しない。一方で、遺伝子が働きを失ったあとならば、突然変異が起きても問題は起きない。もともと壊れている遺伝子ならば、壊れ方が多少ひどくなっても生きていくうえで有利でも不利でもない。

生きていくうえで有利でも不利でもないとき、次世代に伝わる突然変異の割合はほぼ一定になる。時間が長いほど多くの変異がたまる。逆に言えば、突然変異の数から過ぎた時間を推定できる。分子レベルで起きる突然変異の数が時計の針の役目を果たすため、この仕組みを「分子時計」という。

さて、このミオシンを作る遺伝子には、働いている間は突然変異の蓄積が抑えられ、働かなくなった時点で自由に変異が起きたことになる。研究チームは突然変異のたまり具合を調べて、遺伝子が働きを失った時期を約二百四十万年前と推定したわけだ。分子時計から年代を推定する方法は改めて、あとで紹介したい。ここでは人間らしさをもたらした突然変異に話を戻そう。

劇的な〝新人〟は登場しない

あごの筋肉を作る遺伝子が働かなくなったおかげで脳が大きくなれたとすると、人類の進化は、新たな遺伝子の獲得ではなく、遺伝子の退化によってもたらされたのだろうか。

遺伝子退化を裏付ける証拠がほかにもある。

「シアル酸水酸化酵素」というたんぱく質を作り出す遺伝子は、ほとんどの霊長類で働いているのだが、人間では働きを失っている。ネアンデルタール人の化石を調べても、やはり働いていなかった。

この遺伝子の変異が人類に与えた影響は、はっきりしていないが、変異の起きた時期はさきほどと同様の手法から約二百八十万年前と推定されている。

この遺伝子に注目して研究を進めている総合研究大学院大学の高畑尚之教授は「脳の発達に関係している可能性がある」と話している。

ヒトゲノムが解読され、遺伝子の働きまではわからないものの、どのような遺伝子があるのかはわかってきている。こうしたゲノム研究が進んでも、「チンパンジーやゴリラにはなくて、人間だけにある全く新規の遺伝子というのはまだ見つかっていない」と高畑教授はいう。遺伝子が働かなくなったり、遺伝子の働き方に微修正が加わり、人類は進化してきた。全く新しい遺伝子という「劇的な新人」が登場したわけではないらしい。

次に、遺伝子の微修正が言語をもたらしたかもしれないという研究を見てみよう。

言語を生み出した遺伝子？

複雑な文法を持つ言語を使いこなすのは、人類だけだ。だから、人類の設計図つまりヒトゲノムには、言語を使いこなす能力を生み出す部分があるはずだ。そして、この情報はほかの動物は持っていないと考えられる。

英国の研究チームは二〇〇一年、言語能力に障害のある人が持つ遺伝子の変異を探し出した。この変異を持つ人に、一般的な知能は変わりないが、発話能力や文法を理解する能力に障害が出るという。「FOXP2」と呼ばれるこの遺伝子は、言語能力に欠かせないようだ。人類が言語を獲得するうえでも大きな役割を果たした可能性がある。

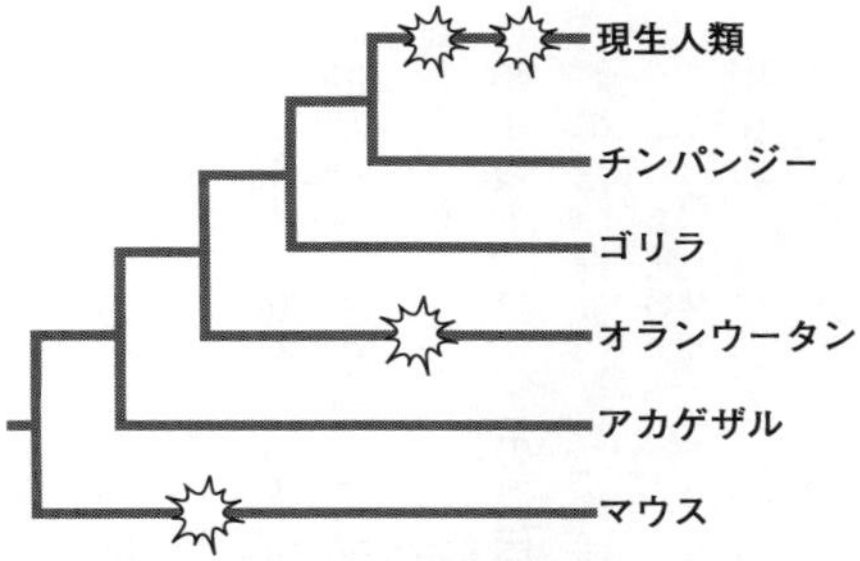

☆が遺伝子に起きた突然変異を表す。
人類では短い期間で２回も変異が起きている

図６−３　FOX P2 遺伝子の変異

「Nature Vol. 418, p871 (2002年)」を改変

ＦＯＸＰ２遺伝子は、人類だけではなく、チンパンジー、ゴリラさらにはマウスにもある。しかし、それぞれの遺伝子を調べると、マウスで一回、オランウータンで一回の変異があるが、人類では二回も変異が起きていることがわかった（図6―3）。さきほど遺伝子に変異が起きると多くの場合がダメになると説明したが、ＦＯＸＰ２の変異は極めて幸運なケースといえる。幸運な二つの変異とは別の場所に起きた変異は、遺伝子をダ

メにして淘汰《とうた》されただろう。それらの失敗例は現在に伝えられていないので、果たしてどれだけ失敗があったのかはわからない。

さて、幸運な二つの変異のおかげで、人類のＦＯＸＰ２遺伝子はほかの動物と違う。そして、現生人類を見ると、この遺伝子がないと言語を使いこなせない。ＦＯＸＰ２遺伝子は胎児の脳などで働いており、脳の働きに重要な役割を果たしている可能性も高い。状況証拠から推し量れば、言語能力に関係する遺伝子といえそうだ。

確かめるには、この遺伝子が実際に何をやっているのかを突き止める必要がある。いかにして言語を使いこなす能力にかかわるのかがわかれば、万人が納得するだろう。しかし、これは難題だ。まだ、解明されていない。

現在わかっていることは、ＦＯＸＰ２遺伝子は、ほかの遺伝子の働きを調節する役目を持っているということだ。ＦＯＸＰ２遺伝子から作られるたんぱく質は、そのほかの遺伝子のスイッチを調節して、働かせたり休ませたりしている。オーケストラの指揮者のようなものだ。専門的には「転写因子」という。どの遺伝子にどのような指示を出しているのか、さらに人類で起きた二つの突然変異によって、その指示がどのように変わったのか——。今後の研究成果を待ちたい。

ところで、人類で起きたという二つの突然変異だが、いつごろ起きたのだろうか。

研究チームは、この遺伝子の近くにあり、たんぱく質を作り出すなどの生命活動にかかわらない部分の変異を調べてみた。私たち一人ひとりの間で遺伝情報の違いは全体で約〇・一％あるとされている。しかし、この遺伝子の周辺には違いが非常に少なかった。

遺伝情報の違いは、長い時間を経るほど大きくなる。このFOXP2遺伝子の周辺で遺伝情報の個人差が少ないのは、変異の起きた遺伝子がごく最近、急速に人類の間に広がった可能性を示唆している。

つまり、人類が生き抜くうえで極めて有利な変異だったため、この変異を持つ人たちが急速に子孫を増やし、ほかのタイプの遺伝子を追い払ってしまった。そのため、この遺伝子の周辺では変異がたまる時間がまだ少なく、変異が蓄積していないというわけだ。研究チームはこうした証拠から、変異が起きた年代を二十万年前よりも最近であると推定している（図6－4）。

そう、二十万年前といえば、現生人類が誕生した時期だ。「出来過ぎ！」と思うが、つじつまは合っている。

まだまだ氷山の一角

脳の大型化や言語能力などをもたらした可能性がある遺伝子の変異を見てきた。これま

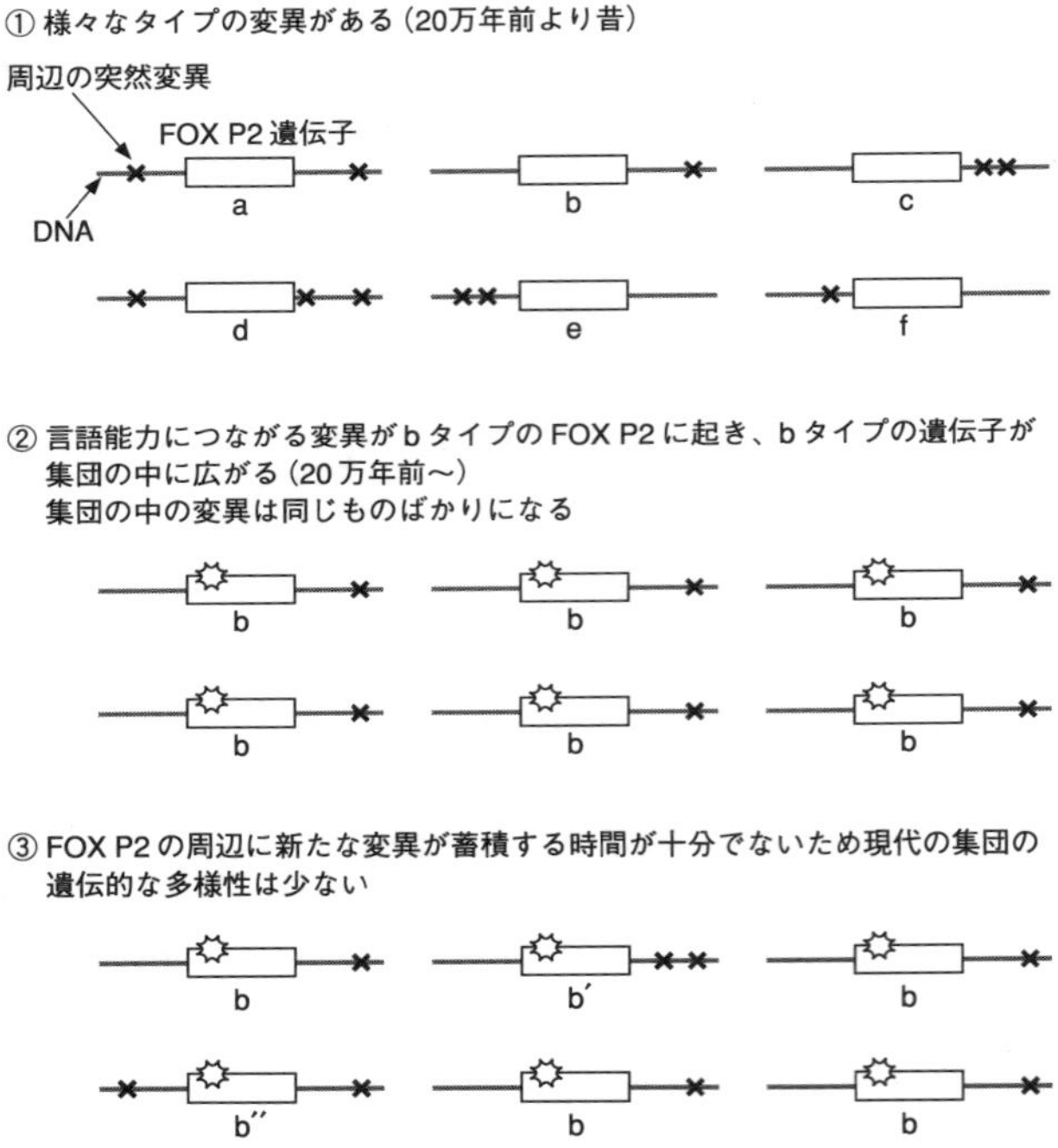
① 様々なタイプの変異がある（20万年前より昔）
周辺の突然変異
FOX P2遺伝子
DNA
a
b
c
d
e
f
② 言語能力につながる変異がbタイプのFOX P2に起き、bタイプの遺伝子が集団の中に広がる（20万年前〜）
集団の中の変異は同じものばかりになる
b
b
b
b
b
b
③ FOX P2の周辺に新たな変異が蓄積する時間が十分でないため現代の集団の遺伝的な多様性は少ない
b
b′
b
b″
b
b

図6−4　FOX P2遺伝子の周辺の変異

で紹介した遺伝子のほかにも、脳の大型化との関係が指摘されている遺伝子がある。「ASPM」という遺伝子で、これがうまく働かないと、「小頭症」という脳が小さくなる病気になることがわかっている。そうした研究から、ASPM遺伝子と脳の大型化との関係が取りざたされている。

しかし、人間らしさを生み出した変異としてわかっているのは、まだ氷山の一角だ。国立遺伝学研究所の斎藤成也教授は、人間らしさを生み出した突然変異は約一万個あると推定している。

見つかっている遺伝子の変異が少ないだけに、発見があると大きな注目を集める。だが、その変異が実際にどれだけ大きな貢献をしたかはよくわかっていない。「脳の大型化」という問題にしても、いったい、いくつの変異が脳を大きくするのに必要なのか、わかっていない。

化石を調べる研究者は頭骨や歯の形から、それぞれの人類が近縁なのか、随分と離れた別の種なのかを検討している。しかし、それぞれの形がどのような遺伝子の変異によって起きるのか、わかっていない。「遺伝子の変異」と「姿形の変化」の橋渡しはできていない。

一つの遺伝子が違うだけで様々な形の変化に結びつくこともありうる。この場合、二つの人類は遺伝子が少し違うだけの近縁種なのに、「形が違う」ことに目を奪われ、随分と系統的に離れた存在と見てしまう恐れがある。

さらに、姿形の変化が遺伝子の変異ではなく、環境の変化で起きうる可能性もある。環境の変化というと大げさだが、栄養条件一つで身長や体重が変わることは、二十世紀後半に日本人の身長が伸びてきたことを考えれば明らかだ。すると、随分と違って見えても、実は同じ種が違う環境にいただけという可能性も出てくる。

化石研究者は知恵を絞って、遺伝的な違いを反映すると思われる形態の違いを比較している。とはいえ、「遺伝子の変異」と「姿形の変化」の関係がわかっていない以上、一抹の不安は残る。化石に残る進化の軌跡がどのような遺伝子の変異に裏打ちされているのかがわかれば、人類進化をより深く理解できるようになるだろう。

長寿の代償?

人類がチンパンジーとの共通祖先から枝分かれした後に起きた遺伝子変異を見てきたが、ここからはしばらく、より時代をさかのぼって遺伝子の変異を探ってみよう。

まずは人類がまだ、チンパンジーとの共通祖先と枝分かれせず類人猿の仲間だった時代に起きた変異から見てみる。約千五百万年前のことだ。人類の祖先となる類人猿が、ある一つの遺伝子の働きを失った(図6－5)。その遺伝子の名は「UOX」という。日本語

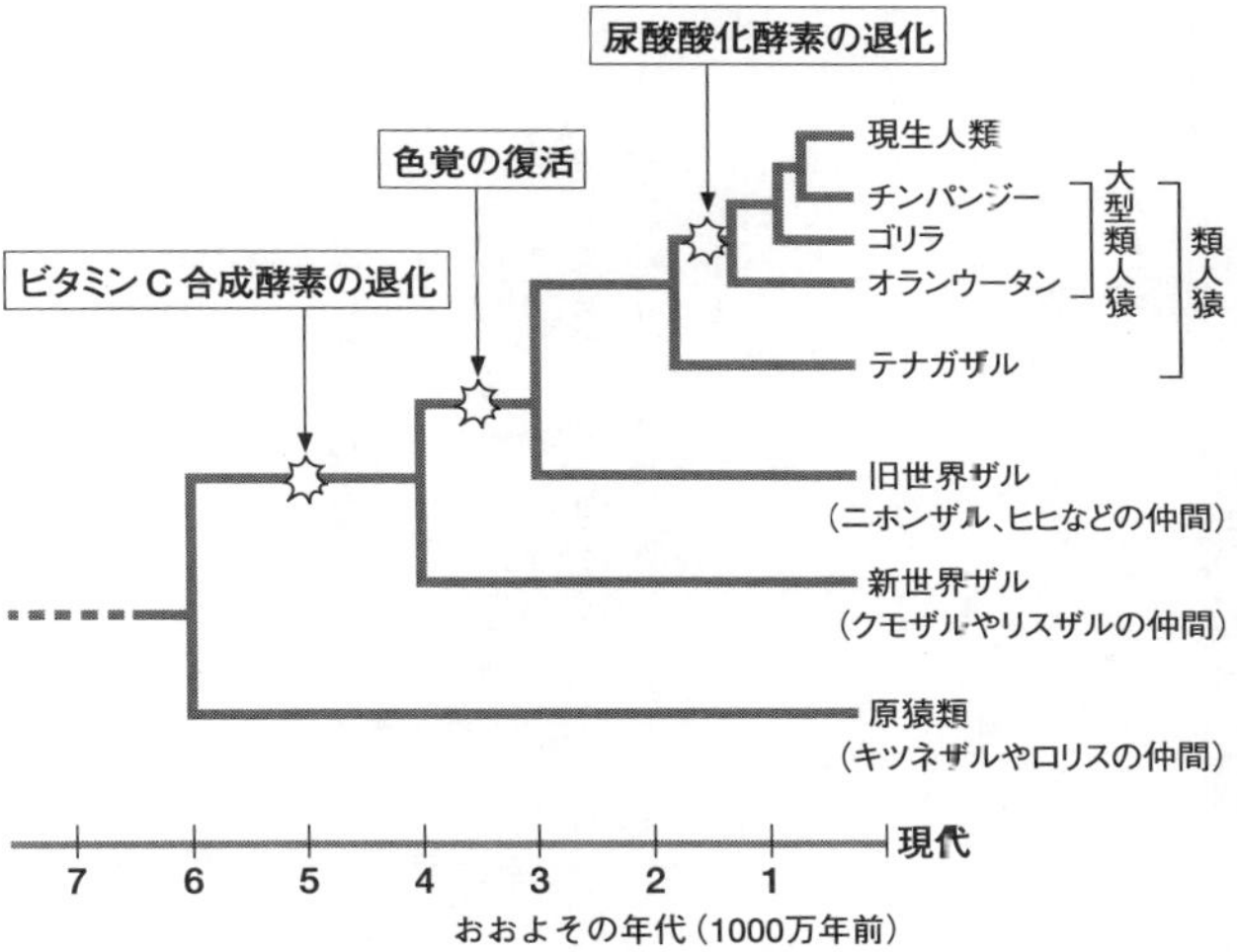

図6－5　霊長類の系統関係（概略）

では「尿酸酸化酵素」だ。

UOX遺伝子が働かなくなったために、尿酸が分解されずに血中に出てくるようになった。この尿酸が過剰になり、関節で結晶になるのが「痛風」だ。

しかし、悪いことばかりではない。尿酸には、「活性酸素」という有害な分子が体を傷つけるのを防ぐ働きがある。抗酸化作用という。活性酸素は老化の原因ともいわれるやっかいな存在なのだが、類人猿は血中の尿酸のおかげで、活性酸素の害を抑え長生きできるようになった可能性がある。このUOX遺伝子は鳥類の一部でも働いていない。このおかげで鳥類が比較的、長寿でいられると指摘する研究者もいる。

血中に程良くあると長寿をもたらし、過剰になると「風が吹くだけでも痛い」といわれるほどの激痛を生む痛風につながる。尿酸は、微妙で繊細な存在だ。

ビタミンCはいつからビタミンか

十五世紀から十七世紀前半にかけて、ヨーロッパ諸国の人々は世界中の海に船を出し、新たな航路を見つけ、新たな大陸を〝発見〟した。この大航海時代、ヨーロッパ諸国は大きな富を得た一方で、船員たちは深刻な病気に苦しめられていた。壊血病だ。

歯ぐきや関節に出血が起き、高熱が出て死に至る壊血病は、長く謎の病気とされていた。二十世紀のはじめになって、ビタミンCの欠乏が原因であることが実験的に示された。多くの船員が悩まされたのは、長い航海でビタミンCが豊富な野菜や果物などを食べる機会が少なかったせいだった。

人類が壊血病に悩まされる遺伝的なきっかけは数千万年前にさかのぼる。人類がチンパンジーなどの類人猿のみならずニホンザルとも枝分かれしていなかった時代だ。

人類、チンパンジー、ニホンザルなどの共通祖先である霊長類は、森林に住んでいたと考えられている。豊富な果実などに恵まれた生活だったに違いない。この祖先ザルに一つの変異が起きたらしい。もともとは体内でビタミンCを作るたんぱく質（酵素）の遺伝子を持っていたのに、ダメになってしまったのだ（217ページ図6－5参照）。ちなみに、ビタミンCは「L－アスコルビン酸」という物質名で、構造式を書くと次ページの図6－6のようになる。

ビタミンCを体内で作れなくなった祖先のサルだが、その生活環境に豊富なビタミンCがあったため、この変異は致命的にならず現在まで生き延びられているのだろう。ビタミンCを自分の体で作れない動物は、ほかにモルモットやゾウなどが知られている。

だが多くの動物にとって、ビタミンCを体内で作る遺伝子は生きていくうえで欠かせなかったはずだ。豊富なビタミンCを含む食べ物が近くにない動物は、体内でビタミンCを作り出さないと壊血病になるなど体に不具合が起きてしまう。体に不具合をもたらす遺伝子の変異は当然、後世に残らない。

ビタミンとは、「体外から取り込まなくてはならない成長に不可欠な有機物」という意味だ。ビタミンCがまさしく「ビタミン」になったのは、数千万年前のサルの時代といえる。自前でビタミンCを作る多くの動物にとっては、ビタミンCは「ビタミン」ではない。

生きる環境によって、許される変異と致命的になる変異がある。食べ物の多い豊かな環

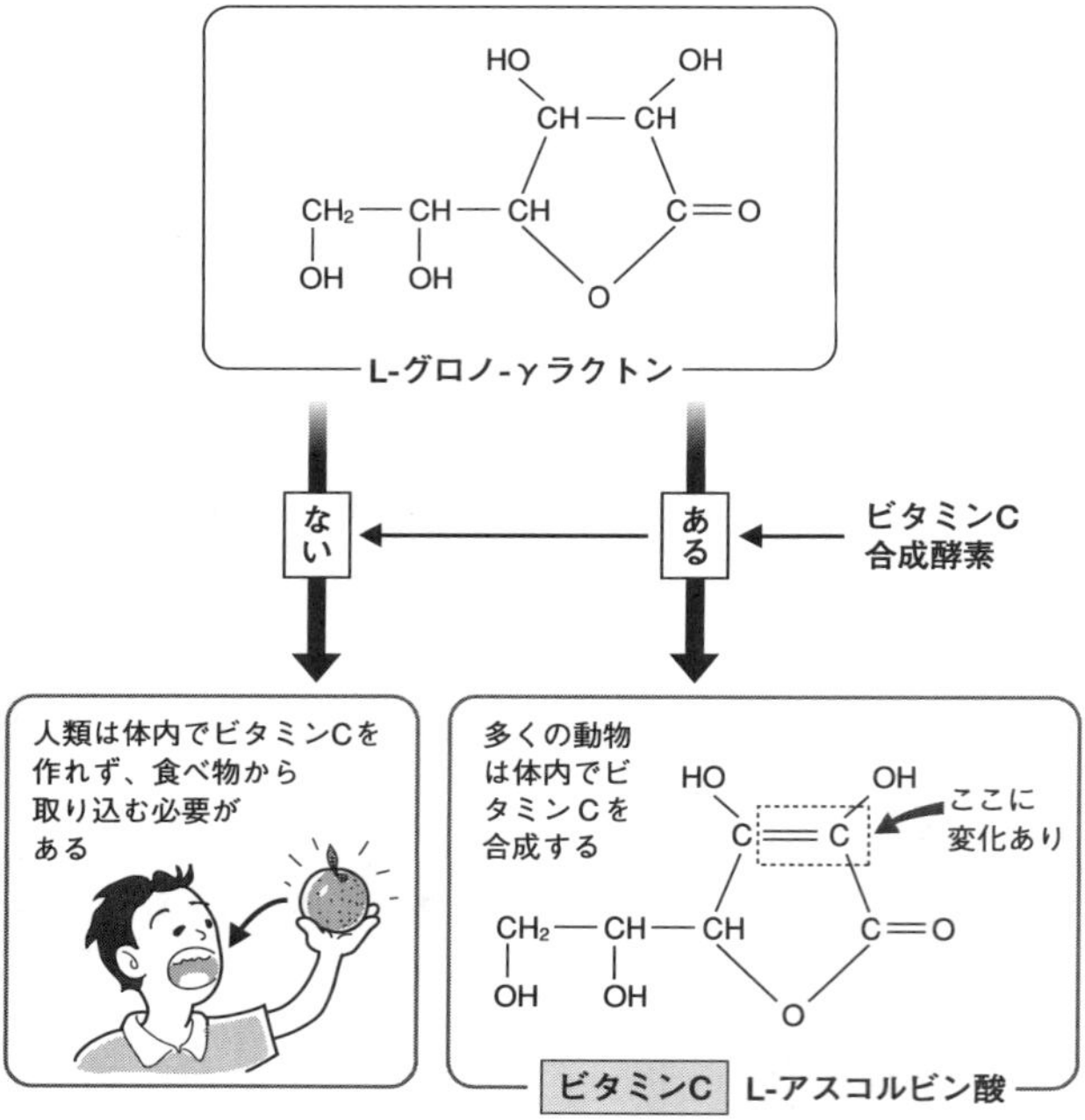
HO
OH
CH
CH
CH2
CH
CH
C
O
OH
OH
O
L-グロノ-γラクトン
ない
ある
ビタミンC
合成酵素
人類は体内でビタミンCを作れず、食べ物から取り込む必要がある
多くの動物は体内でビタミンCを合成する
HO
OH
C
C
ここに変化あり
CH2
CH
CH
C
O
OH
OH
O
ビタミンC
L-アスコルビン酸

図6−6　ビタミンCとは？

境では遺伝子が退化し、貧しく苦しい環境では遺伝子もたくましいのかもしれない。そう考えると、技術が発達して生物としての力が試されなくなってきている現代人は、退化が進んでしまうのかも、と思ってしまう。

見える世界の違い

次は、舞台を一億年前の地球に移してみよう。地上は恐竜に支配されている。恐竜の目を盗むように、このころの哺乳類はひっそりと生きている。

恐竜が誕生したのは約二億三千万年前とされている。哺乳類の起源も意外と古く、恐竜とほぼ同じころまでさかのぼると考えられている。哺乳類の多くは、恐竜が絶滅する約六千五百万年前まで、ネズミのような姿で細々と生きる夜行性の動物だった。

哺乳類が夜行性の時代を過ごした痕跡は、現代に残っている。多くの哺乳類で色覚が退化しているのだ。

魚類から両生類、爬虫類、鳥類の多くは目の網膜に四種類の色（光の波長）を見分けるセンサー分子を持っている。赤、緑、青、紫外線の四種類だ。意外だが、彼らは紫外線も感じ取っているらしい。

一方、恐竜時代に生活の場を夜に移した哺乳類では、このうちの二つ、緑と青のセンサ

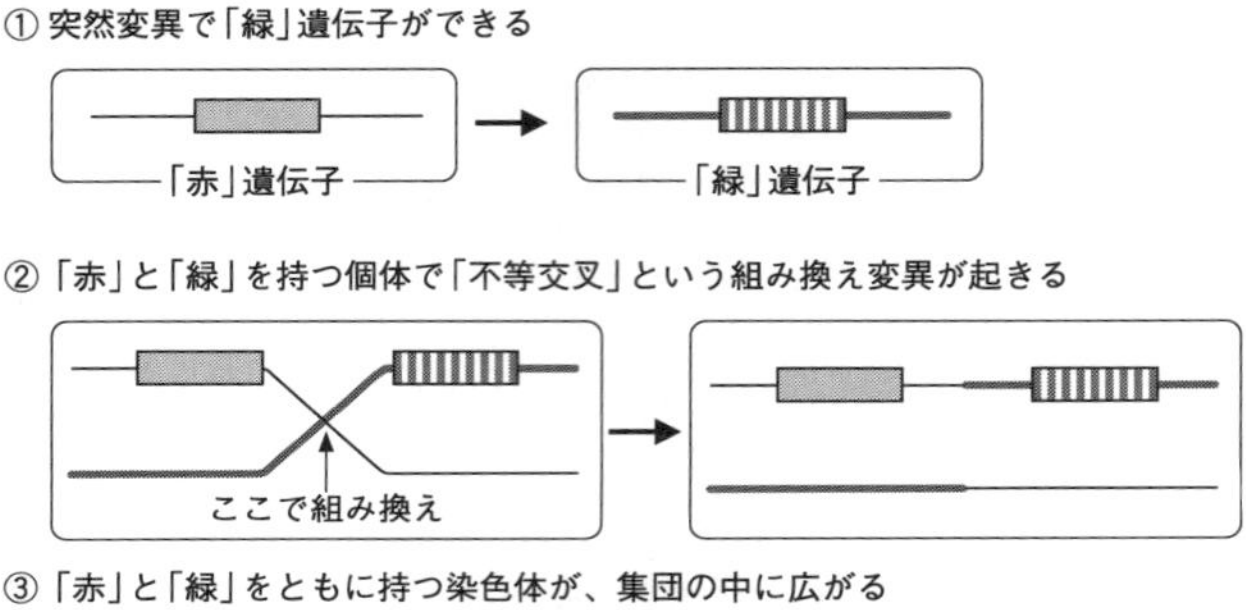
① 突然変異で「緑」遺伝子ができる
「赤」遺伝子
「緑」遺伝子
② 「赤」と「緑」を持つ個体で「不等交叉」という組み換え変異が起きる
ここで組み換え
③ 「赤」と「緑」をともに持つ染色体が、集団の中に広がる

図6−7　色覚復活への道のり

ーを作る遺伝子がダメになってしまった。夜の世界では、色を見分ける必要はほとんどない。青の遺伝子を失ったのに私たちが青を感じられるのは、もともと紫外線を感じるために使われていた遺伝子が変化して、青を感じ取るようになったからだ。それでも、二色の遺伝子だけでは十分に色を見分けられない。

人類はいかにして、色覚を取り戻したのだろうか。

この変異も、人類とニホンザルなどが未分化だった数千万年前にさかのぼる（217ページ図6−5参照）。

これまでは、遺伝子が働きを失ったり微調整されたりする話だったが、初めて新たな遺伝子獲得の場面だ。210ページで「新規の遺伝子は登場していない」と言ったのは、人類がチンパンジーと枝分かれてしてからのことで、チンパンジーとの共通祖先よりもさらに時代をさかのぼると、遺伝子は新たに生まれている。

新たな遺伝子獲得の場面は少し込み入っているが、図6―7も参考にして読んで欲しい。

まず、赤を感じる遺伝子に変異が生じて、緑を感じる遺伝子ができたらしい。集団の中に、赤を持つ個体と、緑を持つ個体が生まれた。さきほど説明した通り、一つの個体は二セットの遺伝情報を持つので、運良く赤と緑の組み合わせを持った個体は十分な色覚を持つが、二つとも赤だったり二つとも緑だったりすると色を区別する能力は弱くなる。

クモザルなど新世界ザルの多くは、現在もこの状態が続いている。そして、この遺伝子がX染色体にあることが話をさらに複雑にする。X染色体は性別にかかわるもので、メスは「XX」の二本を持つが、オスは「XY」の組み合わせを持つ。そのため、これら新世界ザルの仲間で十分な色覚を持つ機会があるのはメスのみで、オスはいつも〝色覚障害〟の状態だ。オスにはチャンスすらない。同じ種の中に色覚の違いがあることが、その動物の行動にどのような影響を与えているのか――。東京大学の河村正二助教授らの研究チームは南米で新世界ザルの行動観察を続け、その意味を探ろうとしている。

さて、人類の祖先のサルは幸いなことに、染色体の「不等交叉」という変異が起きて、同じ染色体の上に赤と緑が載ることになった。安定した色覚を手に入れたサルは、森の中でエサを獲得する能力にぬきんでた可能性が指摘されている。そして、人類につながってきた。森という色彩豊かな空間に先祖が住んでいたことが、人類の色覚を復活させた一因といえるだろう。

ほかの哺乳類では、せっかくこのような変異が起きても、生きていくうえでそれほど有利というわけでもなく、変異が集団に広まるまでに途絶えてしまったのかもしれない。森という環境が、色覚遺伝子にプラスの自然選択の力を与えた。

ちなみに、人類でも二つの色覚遺伝子がX染色体に載っているため、X染色体を二本もっている女性は一つに不具合が出ても問題ないが、X染色体が一本の男性はその一つに不具合が生じると補うすべがない。これが、色覚障害が男性に多い理由だ。

祖先のサルに変異が起きたおかげで人類は色覚を取り戻したわけだが、多くの哺乳類はいまも色を区別するために二種類の遺伝子（赤と青）しかもたない。イヌやネコなどは全く色がわからないというわけではないが、豊かな色彩空間に生きているとは言い難い。賢い盲導犬も信号は区別できない。目の不自由な人は、盲導犬の指示によって信号を渡るのではないそうだ。自分自身が青信号を知らせる音楽や車の流れなどの音を頼りに信号を判断しているのだ。日本盲導犬協会は「耳で信号を判断するのは非常に難しいものなので、（目の不自由な人を横断歩道で見かけたら）『赤ですよ』とか『青になりましたよ』とか教えてください」とホームページで呼びかけている。

退化する味覚と嗅覚

人類の祖先は優れた視覚を手に入れた一方で、弱くなった五感もある。嗅覚《きゅうかく》だ。目に頼る生活は鼻の感度を鈍らせたようだ。臭いを感じ取るセンサーを作り出す遺伝子は、マウスでは約千個もあるのだが、サルから現生人類に至る過程で次々と変異が起きて多くの遺伝子がダメになり、現在、人類で働いているのは約三百個とされている。

ビタミンCを作る遺伝子の場合もそうだが、なくても済む遺伝子には容赦なく変異が蓄積し、ダメになってしまう。

遺伝子の退化は臭いだけでなく、味にも当てはまる。

味覚は、「甘味」「酸味」「塩味」「苦味」「うま味」の五つの味を感じ取る「センサーたんぱく質」がもとになって生まれている。このセンサーたんぱく質は舌の上にあり、情報をとらえて脳に送っている。

これらのうち最も多くの遺伝子の種類があるのは、苦味を感知するセンサーだ。苦味は毒を感じ取って、飲み込んでしまうのを防ぐために進化してきた。

人類では、このセンサーたんぱく質を作る遺伝子は二十五種類が働いている。以前は働いていたのに、機能を失ってしまった「偽遺伝子」が十一種類ある。ちなみにマウスでは三十五種類が働いていて、六種類が偽遺伝子になっている。人類で働かなくなった遺伝子のうち三種類は、チンパンジーとの共通祖先から枝分かれしてからダメになった。一方、チンパンジーが人類と枝分かれしてから失った遺伝子は一種類だけだ。人類では、退化がスピードアップしているようだ。この成果は、総合研究大学院大学の郷康広研究員らが二〇〇五年五月に明らかにした。

人類は脳が大きく発達し危険な食べ物を学習して後世に伝えられるようになった。味覚ではなく、目や脳で毒を見分けられるようになったので、苦味を感じる遺伝子が退化しても生存に影響はなく、突然変異が淘汰されなくなってきている。

そんな筋書きが考えられる。

ところで、さきほど五つの味を紹介したが、「辛味が抜けているではないか」と思った人がいるかもしれない。

少し横道にそれるが、辛味の話を紹介してみたい。

辛味は体の構造からいうと味覚ではない。辛味は味を感じ取る味覚の細胞ではなく、「三叉《さんさ》神経」という神経細胞が感じ取っているからだ。唐辛子の成分であるカプサイシンという物質は、この神経細胞を興奮させる。そして、この神経細胞はカプサイシンだけでなく、なぜか熱さや痛みにも反応する。原因は違っても、脳は興奮のきっかけを区別できず、この細胞からの信号を「辛くて、熱くて、痛い」と受け止めてしまう。

熱くて辛いカプサイシンとは逆に、ひんやりする食べ物もある。ミントだ。ミント味の成分メントールを感じ取るのは、やはり味覚細胞ではなく三叉神経の細胞だ。その神経細胞は体温よりも低い八~二十八度の温度にも反応する性質があった。

これが、唐辛子がホットで、ミントがクールな仕組みだ。

現代人にある変異

これまで人類を人間らしくした遺伝子や、サルの段階で起きた遺伝子の変異を見てきた。人類とチンパンジー、マウスなど生物種の間で比べた場合、遺伝子の違いは明確な意味を持つ。

人類とチンパンジーの運命を分けたのは、もとをたどれば遺伝子の変異にほかならない。チンパンジーがチンパンジーらしいのも、チンパンジーの進化の過程で起きた突然変異だ。チンパンジーを人間の子どものように育てても、決して人間にはならない。そこには絶対的な遺伝子の違いがある。遺伝子の違いが持つ力を思い知らされる。

ところで、現代人の中にある違い、つまり一人ひとりの個性の差は、どれほど遺伝子の違いを反映しているのだろうか。私たち一人ひとりの間には約〇・一%の遺伝情報の個人差があることは先にも触れた。髪の毛の色などは遺伝子の違いで説明できるのだろうが、性格や才能はどこまで遺伝子の影響を受けているのだろうか。

これは「氏」か「育ち」かという古くからある問題だ。遺伝子はチンパンジーと人類を分ける場合のように「超えられない壁」となる場合もあるが、現代人の中では遺伝子よりも環境の違いが大きく影響する場合も多い。少し視点を変えて、現代人の中にある変異の意味を考えてみよう。

酒飲み遺伝子

まずは、遺伝子が体質の個人差を生み出す力を実感できる例から——。

世の中には酒に強い人と弱い人がいる。下戸が〝訓練〟して、ある程度飲めるようになる場合もあるが、そもそも下戸と酒豪を分ける原因は遺伝子にある。生まれもっての体質は容易には変えられない。

酒に酔うのは、アルコールが脳細胞を麻痺させるからだ。体内のアルコールが分解され、アセトアルデヒドという物質になり、さらに分解されて体の外に出されると、酔いは

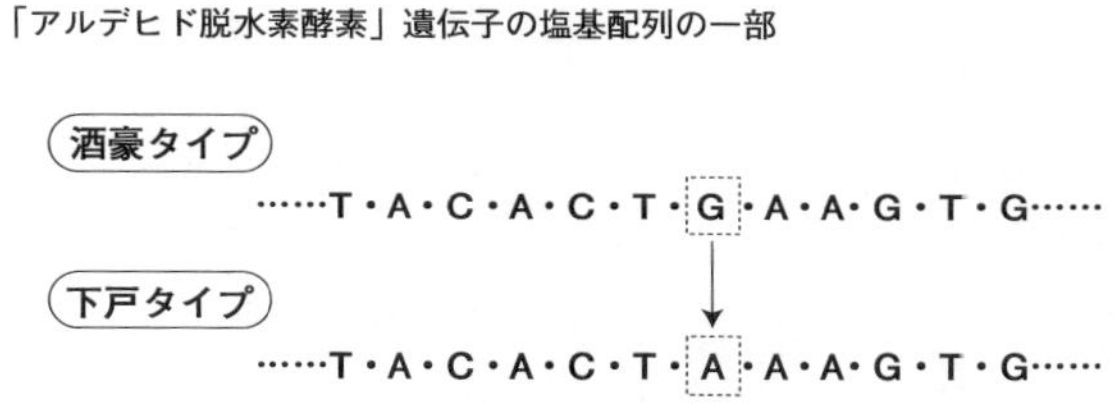

酒豪タイプでは「G（グアニン）」という塩基がある場所に、下戸タイプでは突然変異が起きて「A（アデニン）」に変わっている

図6－8　下戸と酒豪の差

さめる。飲み過ぎて気分が悪くなるのはアセトアルデヒドのせい。二日酔いも、分解しきれずに体内に残ったアセトアルデヒドのせいだ。アセトアルデヒドさえなければ、とことん気持ちよく飲めるのに……。

アセトアルデヒドの分解にかかわるたんぱく質（アルデヒド脱水素酵素）を作り出す遺伝子には微妙な個人差があり、分解能力の弱いタイプの遺伝子を持つ人が下戸ということになる。遺伝子の情報は塩基という化学物質によって記録されていると紹介したが、下戸タイプと酒豪タイプを分けているのは、たった一個の塩基の違いに過ぎない（図6―8）。

その塩基の違いが下戸と酒豪を生み、酒へのかかわり方がおそらく生活習慣を変え、人生に大きな影響を与える。そんなことに思いを馳せると、たった一個の塩基の持つ力を実感する。

日本人では約四割が〝下戸タイプ〟の遺伝子を持つと推測されている。欧米やアフリカでは、下戸タイプを持つ人はほとんどいない。このため、下戸タイプを生んだ突然変異は三万～二万年前のアジア人の集団で起きたと推定されている。

成長してもミルクを飲む人間

大人になってもミルク（牛乳）を飲むというのは、極めて人間らしい特徴のようだ。ほとんどの哺乳類にとってミルクをもらえるのは授乳期だけだ。そのため、ミルクに含まれる「ラクトース（乳糖）」という糖を分解するたんぱく質は、成長すると作られなくなってしまう。

ところが、成長してもミルクを飲み続ける人類では遺伝子に突然変異が起きて、大人もラクトースを分解できるようになったそうだ。この遺伝子の変異は全員が持っているわけではなく、変異を持たない人が大量の牛乳を飲むと、おなかがごろごろして下痢をしやすい。

ラクトースを分解する遺伝子の変異は、ミルクが身近にある牧畜文化の長い集団では高い頻度で見られるとの指摘がある。確かに、牧畜で生計を立てた歴史が長いヨーロッパでは、この変異を持つ人の割合が高い。一方、本格的な牧畜の歴史がない日本では、変異を持つ人の割合は低いらしい。そのため、集団の履歴を明かす突然変異といわれることもある。

しかし、モンゴルの人々は牧畜文化を持つのに、変異の割合は低い。牧畜を経験していないオーストラリア先住民が、モンゴル人よりも高い頻度で変異を持つといった研究例もある。もっともらしい説明が、すべての集団に当てはまるわけではないようだ。

生活環境と遺伝子との関係を示唆する研究をもう一つ。

集団が過去に貧しかったか、豊かだったかが、ここでは問題になる。過去に飢餓に見舞われることが多かった集団では、栄養を効率よく体内にため込む〝倹約〟タイプの体質を持つ人が多いとされる。何とか飢えをしのぐだけの栄養を体に蓄えられる人たちが子孫を多く残したのだろう。この体質の違いを生み出すのが、どの遺伝子のどのような変異なのか、最近の研究でわかってきた。

日本人は倹約タイプの遺伝子を持つ比率が高い。貧しくつつましい生活をしていたころには有利になった体質だが、飽食の現代にあっては必要以上の栄養をため込んでしまい、糖尿病の引き金になっているとの指摘もある。

ある遺伝子が有利か不利かは、その動物が生きる環境次第といえる。生存に有利な遺伝子も環境が変われば災いのもとになる。「尿酸」と「痛風」の関係でも見た通りだ。ある遺伝子を持つことが、いつでも「絶対的に得」ということは少ない。

絡み合う環境と遺伝子

東京大学医科学研究所の中村祐輔教授は、体質（遺伝子の個人差）と生活習慣との関係を、住宅の耐震にたとえて説明する。

住宅の設計がしっかりしていれば、震度六強の地震にも耐えられる。しかし、もともとの設計に弱さがあったら倒れてしまう。遺伝子は体の設計図だ。丈夫な設計図を持つ人は、多少の暴飲暴食に耐えられる。そうでない人は、生活習慣に気を付けないと糖尿病や高血圧になってしまう。病気になるのは、設計図の特徴と生活習慣の兼ね合いということだ。

こうした体の〝耐震度〟は、複数の遺伝子が微妙に絡み合って決まると考えられている。遺伝子にどのような個人差があり、その個人差がどのような意味を持つのかを探る研究が活発になっている。遺伝的な〝耐震度〟が事前にわかれば、それを調べることで、その人に合った効果的な予防や治療ができるようになる。この手法は「オーダーメイド医療」と呼ばれ、次世代の医療として注目されている。

体質が遺伝子の個人差に影響されるのであれば、性格や才能はどうなのだろう。

このテーマへの切り口は双子の研究にある。全く同じ遺伝情報を持つ一卵性双生児の成長を追い、二人の性格や能力が大きく異なれば、遺伝子の影響は少ないといえる。一方、二人が成長後も同じ特徴をもっていたら、やはり遺伝のためといえる。

海外の研究チームが取り組んだ研究結果をみると、育った環境が異なる一卵性双生児でも、知能（IQ）、性格の外向性、宗教的な態度などについて、二卵性双生児（平均して遺伝子の半分を共有する）に比べ、似た傾向を持っているようだ。

また、「開放性」「誠実さ」「外向性」「協調性」「神経症的傾向」の五つの特質で性格をみると、性格のばらつきの四〇％強は遺伝的な要因によるもので、共通の環境（たいていは家族）の影響が一〇％未満、個人が経験するユニークな環境（病気や事故から、学校での交際関係に至る何もかも）の影響がおよそ二五％になり、残りの二五％程度は、測定誤差とする研究もある（『やわらかな遺伝子』紀伊國屋書店）。

こうした研究は、性格や能力が遺伝情報に関係することを示している。ただ、注意すべきなのは、「性格は遺伝によって決まる」というわけでは決してないことだ。「氏」か「育ち」かという論争ではとかく両極端にかたより、「個性は遺伝するので熱心に教育してもなるようにしかならない」とか、遺伝的なものをすべて否定し「教育こそがすべて」といった話になりかねない。そんなに単純な問題ではない。

例えば、体重にも遺伝的な体質が影響する。同じ食事をしていれば、この遺伝的な影響は強く表れる。しかし、太る体質を持っていても食事が十分でなければ、太るわけはない。たとえ言語能力に優れた遺伝的な要素を持っていたとしても、外国語は学習しなければ身に付かない。

私たちは「環境がすべてだ」というほど〝白紙〟の状態で生まれてくるわけではないが、「しょせん遺伝だから」とすべてを遺伝のせいにできるわけでもない。

「○○の遺伝子」という誤解

こうした議論で次に出てくるのが、「○○の遺伝子」といった話だ。これも誤解が多い。

例えば、「明るい性格の遺伝子」というのを考えてみよう。このなかには、まさに楽天的な気質を生む遺伝子があるかもしれないが、運動能力が優れる体質のため周囲から認められ前向きになるケースや、魅力的な容姿が本人の自信につながるケースもあるだろう。

時代や地域ごとに価値や評価の基準が変わることを考えれば、あるときには魅力的な容姿が自信につながっても、別の時代や地域ではとりたてて容姿の効果が出ないときもありそうだ。こうした例を考えていくと、「明るい性格の遺伝子」って何？　ということになる。

複数の要因が絡み合う問題を、「○○の遺伝子」という言葉で関連づけるのは誤解のもとだ。性格や能力に遺伝的な影響があるとはいえ、具体的にどれだけの遺伝子がどのようにかかわっているのかは、ほとんどわかっていない。

「神経症的な傾向につながる」などといった遺伝子も、最近の研究では示されてきているが、その遺伝子で説明できることはほんの一部だ。一つの遺伝子が神経症的な傾向を決定づけるわけでは決してない。いくぶんか、神経症的な傾向を高める可能性があるにすぎない。

遺伝子操作で「天才に改造する」といったことは現段階では無理だし、私は将来も難しいと思っている。一つの遺伝子が体質を決定づける「酒飲み遺伝子」のような場合では、その遺伝子をいじって体質を変えることは原理的には可能だろう。しかし、〝天才〟の要素は複雑だ。著名な科学者の二八％、作曲家の六〇％、画家の七三％、小説家の七七％、詩人の八七％に、ある程度の精神障害が見られると結論した研究もある（前出『やわらかな遺伝子』）。〝望ましい〟形質でも、一線を越えると突然、複合的な影響で思いもしない結果が生まれる。

人間の性格や才能は、多くの遺伝子の相互作用と環境からの影響で紡ぎ出される。単純に「遺伝子を取り換えれば」という話ではない。これからも遺伝子の研究は勢いを増し、体質や性格にかかわる様々な遺伝子が明らかにされていくだろう。だが、特別な場合をのぞき、遺伝子ですべてを語ることは難しいのではないか。さきほど触れたように、遺伝情報が全く同じである一卵性双生児であっても、同じ人間にはならない。

人類進化を分子時計から見ると

人類進化に戻ろう。

これまで見てきたのは、人類の姿形や行動に変化をもたらす遺伝子の変異と進化の関係だ。ここからは、遺伝子の変異ではなく、これといった働きがない遺伝情報の部分の変異から浮かび上がる人類の進化を紹介していこう。

遺伝子に起きた変異は、姿形や行動を変化させ、自然淘汰の対象となりうる。だからこそ、遺伝子には人間らしさをもたらした変異があると考えられている。

一方、働きのない部分の変異はその人の生活に影響しない。そのため、変異は偶然によって集団に広まったり、偶然によって途絶えてしまったりする。自然淘汰にプラスにもマイナスにも働かないため、「中立進化」と呼ばれる。中立進化で蓄積する変異の量はおおむね、経過した時間に比例する。一定の割合でたまる変異を時計の針に見立てるのが、「分子時計」という考え方だ。化石から導き出されている約七百万年前という人類進化の歴史が、分子時計の立場で考えると、どのようになるのか、具体的に見てみよう。

	現生人類	チンパンジー	ゴリラ
チンパンジー	1.24	—	—
ゴリラ	1.62	1.63	—
オランウータン	3.08	3.12	3.09

表6－1　人類と類人猿との遺伝情報の違い（単位は％）

「The American Journal of Human Genetics Vol.68, p444-456（2001年）」より

二〇〇一年に米国と台湾の研究者が、類人猿と現生人類との遺伝情報の違いを、ゲノムの五十三ヵ所、二万四千二百三十四塩基にわたって比較した。類人猿と現生人類のゲノムにある約三十億の塩基をすべて比較できれば、完璧なデータといえるが、その解読や分析にかかる時間と経費を考えると無理な相談だ。そのため、研究者は限られた領域から全体を推定する戦略を取っている。

その結果の概要を表6－1に示した。チンパンジーと現生人類の遺伝情報の違いは、一・二四％と最も近い関係にあることがわかる。205ページでは一・二三％としたが、これは調べた部分が違うための差だ。測定誤差のようなものだ。ちなみに一・二四％違うとなると、ゲノムでは約三千七百万個の塩基が違うことになる。全体が三十億にもなるだけに、一％といっても随分な数になる。

人類に「特別な地位」を与えていたかつての人類学では、チンパンジーは人類よりもゴリラに近いと考えていた。系統的に見ると次ページの図6－9aのような形だ。しかし、遺伝情報の違いを見れば、チンパンジーと人類の違いは一・二四％、チンパンジーとゴリラの違いは一・六三％と、

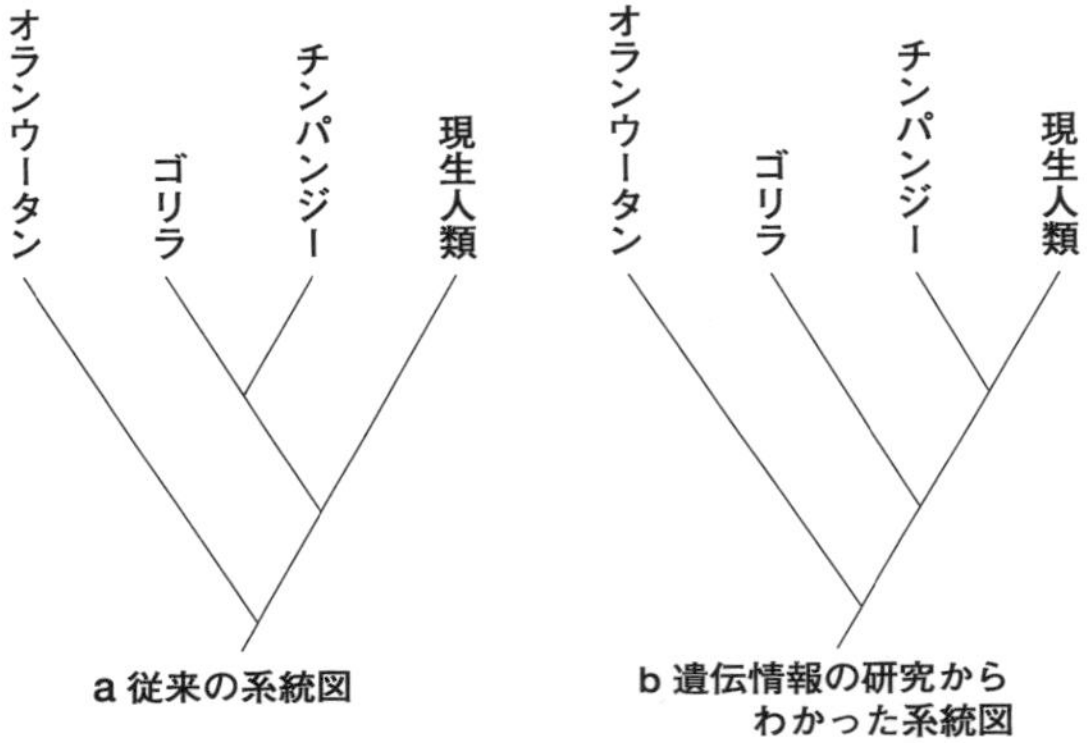

図6−9　ゴリラから見ると人類とチンパンジーは兄弟のような関係

チンパンジーはゴリラよりも人類に近いことがわかる。ゴリラから見れば、人類とチンパンジーは兄弟のようなものだろう。こうした成果も、「人類は特別」という先入観の改善につながっている（図6―9b）。

人類とチンパンジーとの「遺伝的な違いの量」がわかったので、その違いをもたらした「突然変異が起きる速さ（頻度）」がわかれば、それぞれが別の道を歩み始めてからの時間がわかる。

変異の起きる速さ（頻度）を実験で確かめられれば問題ないのだが、ごくまれに起きる変異を実験室で確かめることは不可能だ。ここでは遺伝学といえども、化石の年代の助けを借りなければならない。

この研究では、オランウータンと、人類やほかの大型類人猿が枝分かれした年代を化石の証拠をもとに千六百万〜千二百万年前と推定し、この年代を出発点にしている。つまり、千二百万〜千六百万年間かけて、オランウータンと人類との遺伝的な差である約三・一%が生み出されたとすると、一%の違いが出るには三百八十七万〜五百十六万年間かかることになる。

ここで、興味のある人のために、この章のはじめに紹介した「一世代で起きる突然変異の確率（一塩基あたり）は、五千万分の一」の導き方を簡単に説明しておこう。簡略のため、一%の違いが出る時間を五百万年とする。二つの生物のそれぞれが五百万年をかけて合計一%違うことになるので、突然変異が蓄積するのにかかった実際の時間は、二つの生物がそれぞれ過ごした五百万年を足し合わせた千万年になる。千万年の間に、三十億個の塩基の一%、つまり三千万個に変異が起きる。年当たりの変異数は「三千万（変異数）÷千万（かかる時間）」で三個になり、世代当たり（二十年＝おおむねの世代交代の時間）では六十個となる。「六十」（突然変異数）を「三十億」（全体の塩基数）で割ると、一世代で一つの塩基に起きる突然変異の確率は「五千万分の一」になる。

さて、この変異の速さをもとにして計算すると、人類とチンパンジーが分かれた年代は、「一・二（%＝人類とチンパンジーの違い）×五百万（年＝一%の違いが出る時間）」により約六百万年前となる。

はて？　と思った読者もいるだろう。「最古の人類化石は七百万年前ではなかったのか」。人類化石の年代測定と、遺伝情報から導かれる年代にはずれがある。この原因として、突然変異の速さを導くのに使ったオランウータンとの分岐年代に誤差がある可能性や、最古の人類化石の年代測定が古すぎる可能性などが指摘されている。それぞれに弱点があり、決着がついていない。しかし、数百万年レベルの話をしていることを考えれば、おおむね似た数字が出ているともいえるだろう。

現生人類のアフリカ起源

112ページで紹介した現生人類の起源を巡る研究を、ここで詳しく見てみよう。

この研究は、世界中に生きる現代人の祖先が二十万〜十五万年前のアフリカにいた人に行き着くことを示し、現生人類の「アフリカ単一起源説」を唱えた。

注目したのは、遺伝情報の違いの量とともに、違いの場所だ。それぞれの人の突然変異を調べ、共通の変異を持つ人同士は近縁である可能性が高いので、似た変異を持つ人たちを一グループにしてルーツをたどっていく（図6—10）。

スウェーデンなどの研究チームが二〇〇〇年に『ネイチャー』誌に発表した論文を見てみよう。これはミトコンドリアのすべての遺伝情報を世界中の五十三人から読みとって比

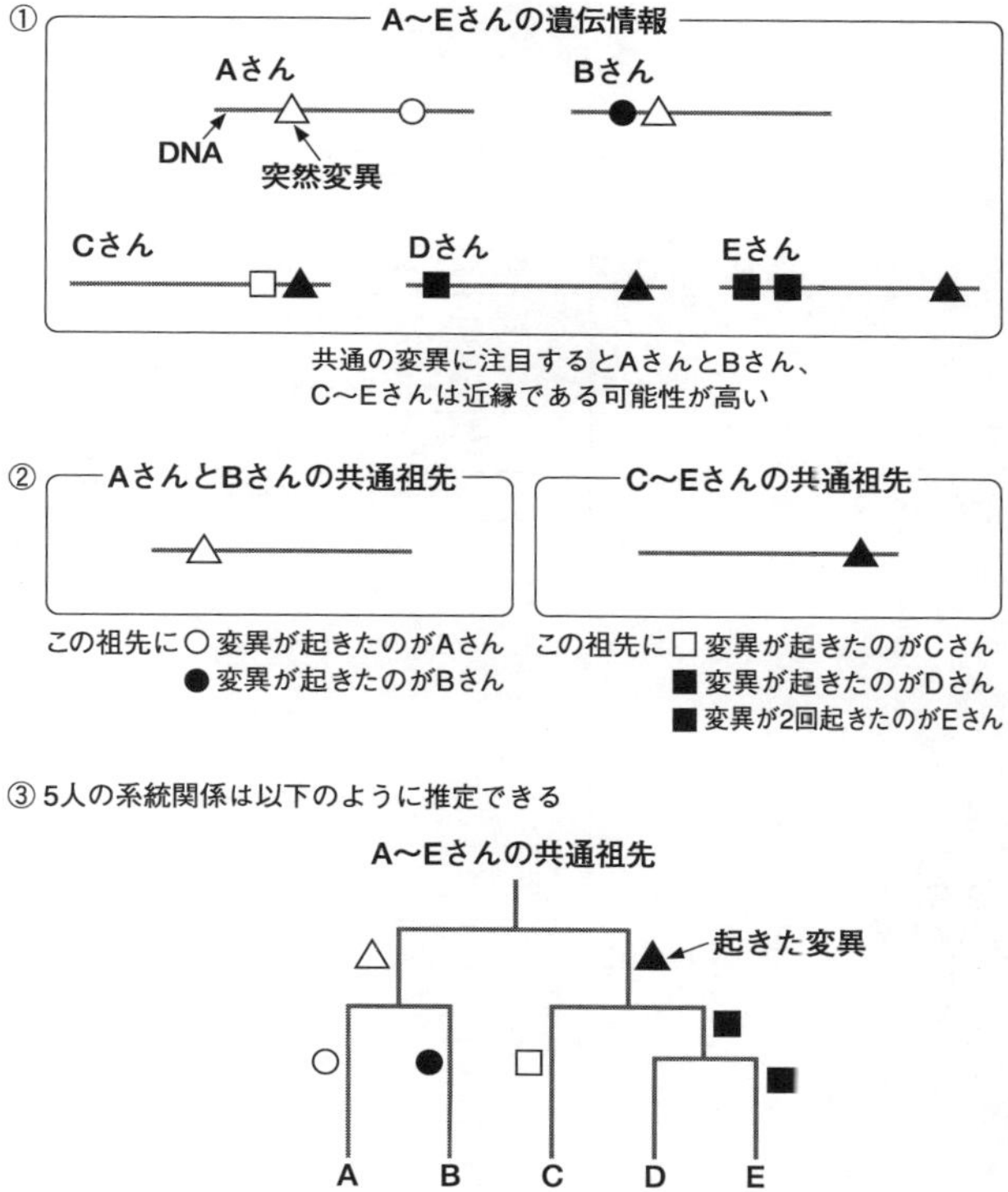
①
A〜Eさんの遺伝情報
Aさん
Bさん
DNA
突然変異
Cさん
Dさん
Eさん
共通の変異に注目するとAさんとBさん、
C〜Eさんは近縁である可能性が高い
②
AさんとBさんの共通祖先
C〜Eさんの共通祖先
この祖先に○変異が起きたのがAさん
●変異が起きたのがBさん
この祖先に□変異が起きたのがCさん
■変異が起きたのがDさん
■変異が2回起きたのがEさん
③5人の系統関係は以下のように推定できる
A〜Eさんの共通祖先
起きた変異
A
B
C
D
E

図6−10　突然変異の場所から人類の近縁関係を推定する（概略）

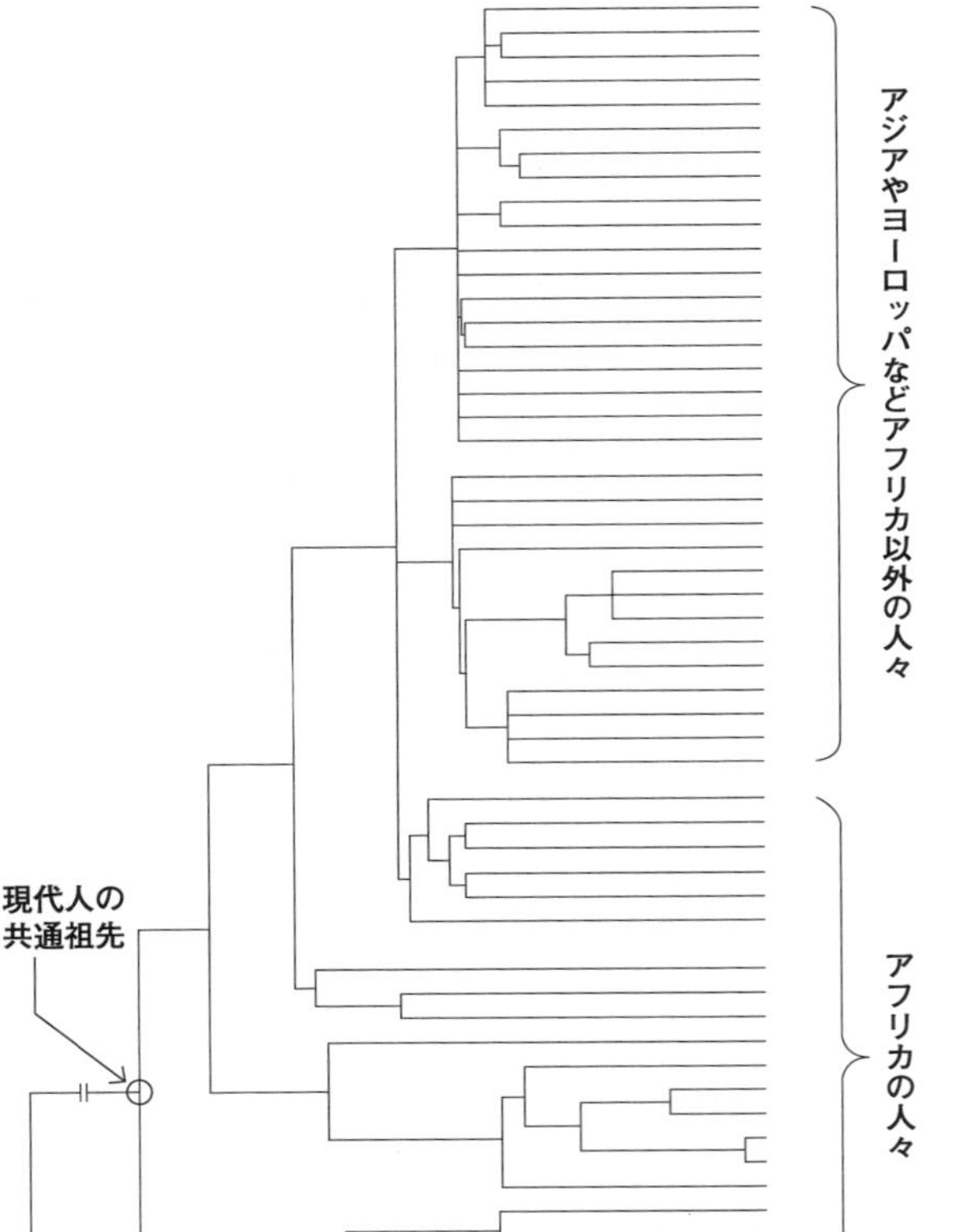

図6—11　ミトコンドリアDNAから見た現代人の系統
「Nature Vol.408, p709（2000年）」を改変

べた成果だ。ミトコンドリアの塩基の数は約一万六千五百個。核にある染色体のゲノムの約二十万分の一に過ぎないため、すべてを読みとって比べることができる。

さきほどのような手法でそれぞれの人の近縁関係を調べると、図6―11のようになる。現代人の共通の祖先からアフリカ人の系統が何度か枝分かれして、枝分かれの後半になってアフリカ以外の人たちの系統が出てくることがわかる。現生人類の歴史はアフリカで最も長いため、アフリカには多様な集団がいて、その集団の一部がアフリカの外に出てアジア人やヨーロッパ人につながってきているということだ。

「現生人類の祖先はアフリカなのだから、アフリカ人はチンパンジーに近い」と考えている人がいるかもしれないが、これは全くの誤解だ。アフリカ人もアジア人も、どの地域の人であれ、チンパンジーとの共通祖先と枝分かれしてから同じ時間を過ごしているのだから、ほぼ同じだけの変異が蓄積している。変異は時間に比例して起こるということを思い出して欲しい。

人類史を告げるシラミ

遺伝情報というととっつきにくく難しそうな印象を与えるが、その情報は多くのことを教えてくれる。そして、人類の遺伝情報だけでなく、意外にも、シラミの遺伝情報にも人類史を読み解く手掛かりが隠されているらしい。シラミと聞くだけで鳥肌が立つ人はここを飛ばしてください。

過去の遺物のように思えるシラミだが、現在でも、子どもがプールでシラミをもらうケースがあるという。これは「頭ジラミ」と呼ばれ、髪の毛の中で繁殖する。頭皮から吸血し頭がかゆくなるが、専用の市販薬で退治できる。

やっかいなシラミなのだが、人類史を研究するうえでありがたい特徴も持っている。それぞれのシラミの種が、ほぼ決まった寄生先を持つことだ。例えば、人類に寄生するシラミはチンパンジーなどほかの動物には寄生せず、逆に、ほかの動物に寄生するシラミは人類に寄生していないらしい。

人類とチンパンジーが枝分かれする前、共通の祖先として暮らしていた時代、ある一種類のシラミがこの共通祖先に寄生していた。人類とチンパンジーがそれぞれに枝分かれして独自の道を歩み始めると、それに歩調を合わせるように、シラミも人類にだけ寄生するものと、チンパンジーにだけ寄生するものに分かれたようだ。

ここで、米国のユタ大学などの研究チームが二〇〇四年に発表した成果を見ていこう。現在の人類とチンパンジーに寄生する、それぞれのシラミが持つミトコンドリアの遺伝情報を解析したところ、それらのシラミは約五百六十万年前に分かれた可能性がわかった。

人類とチンパンジー、それぞれの遺伝情報をもとに割り出した先ほどの数字に、ほぼ一致する。

さらに話は続く。研究チームは、パプアニューギニアやホンジュラス、米国など六ヵ国の四十八人からシラミを採集してきて遺伝情報を解読した。この情報を、すでに解読されデータベースに入っているシラミの遺伝情報と合わせて、地域ごとのシラミの特徴を割り出してみた。ちなみに、日本人から採集したシラミの情報もすでにデータベースに入っているので、この研究に使われている。研究者の好奇心はすごいものだ。

さて、計百十四人分のシラミの遺伝情報を解析したところ、現代人に寄生する頭ジラミには大きく分けて二系統があることがわかった。一つは世界中のどこにでもいる系統で、もう一つは米国人にしか見つからない系統だった。遺伝情報の違いから推定すると、両者は約百十八万年前に枝分かれしたらしい。

これが意味するのは、約百十八万年前に人類集団は二つの系統に分かれ、それに応じてシラミも二系統に分かれたということだ。人類集団の履歴と併せて示すと、次ページの図6―12のようになる。問題は、百十八万年前に分かれた二系統がともに現代にまで生き残っていることだ。

図6―12の右の系統が残っていることは、アジアにいた原人（ホモ・エレクトス）が、後

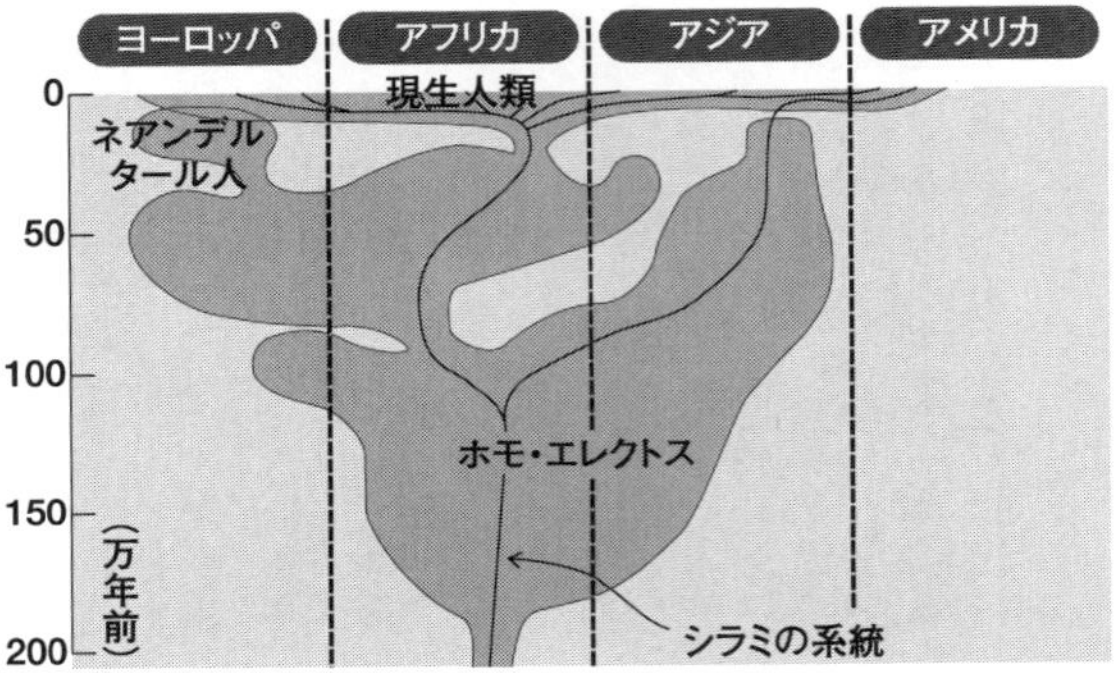

アメリカ大陸だけで見つかるシラミの系統（右）はホモ・エレクトスから現生人類にうつったのか？

図6－12　人類の系統とシラミの系統

からやってきた現生人類（ホモ・サピエンス）にシラミをうつした可能性を示している。原人はアメリカ大陸には行っていないとされるので、アジアで接触してシラミをもらった現生人類がその後、アメリカ大陸に行ったという筋書きが浮かんでくる。

　シラミは人間の頭を離れると数日しか生きられず、体や服などが直接触れる機会がないとうつらない。もしかしたら、原人が現生人類と寝床をともにしてうつしたのかもしれない。あるいは、原人が現生人類の服を盗んだのか、互いにけんかをしたのか。「服を盗む？」「けんか？」――。ふざけて書いていると思うかもしれないが、論文（「PLoS Biology Vol.2 Issue.11」）の中で言及されているものだ。

交配したとなるとアフリカ単一起源説が修正を迫られるかもしれないが、まだ、そこまでは突き止められていない。研究チームは、性行動でうつる「毛ジラミ」(陰毛に寄生する)の系統関係も調べ、真相に迫りたいとしている。

シラミの研究が描く筋書きには現在のところ賛否両論あるようだが、人類の進化を探るにもいろいろな切り口があることを教えてくれて、興味深い。同様の研究はシラミだけでなく、サナダムシでもされているのだが、これ以上深入りするのはやめておこう。

ヨーロッパ移住の時期

人類の遺伝情報に戻ろう。〝お口直し〟に、次はヨーロッパ人の起源を巡る研究だ。

約四万年前に現生人類がヨーロッパにたどり着いて芸術を開花させたことは第3章で紹介した。かの地で問題になっているのは、この時代のクロマニョン人がそのまま生き続けて現代ヨーロッパ人になったのか、あるいは一万年前以降に農耕の技術をもたらした人たちが繁栄してそれまでにいた人たちと入れ替わったのか、ということだ。

自分たちの起源となった集団を突き止める研究はどこでも興味の対象らしい。日本でいうと、現代日本人の祖先は縄文人なのか、弥生人なのか、という問題に似ている。日本では、混血などがあったにしても後から渡来してきた弥生人が現代の大勢を占めているようだが、ヨーロッパではどうなのだろう。

この問題についてはミトコンドリアの遺伝情報を使った研究のほかに、男性だけが持つY染色体の遺伝情報を利用した研究も行われている。ここではイタリアなどの研究チームが二〇〇〇年に、米国の科学誌『サイエンス』に発表したY染色体の研究を見てみよう。

母親からだけ伝わるミトコンドリアDNAとは対照的に、Y染色体は父親から息子にだけ伝わる。両親のDNAが混じり合わないので、ミトコンドリアと同じようにY染色体は祖先の探索に便利だ。

研究チームはヨーロッパ人の祖先を探るため、中東からヨーロッパまで千七人のY染色体の遺伝情報を調べた。もちろん、全員、男性だ。蓄積している変異を見ると、農業が始まる時期よりも前に移住してきたクロマニョン人の子孫が、現代ヨーロッパ人の約八割を占めていることがわかった。

同様の傾向はミトコンドリアDNAによっても示されている。

チンギス・ハーンの子孫が繁栄？

Y染色体を使った興味深い研究をもう一つ。

英国やモンゴルなどの研究チームが、二千百二十三人のアジア人のY染色体を調べた。

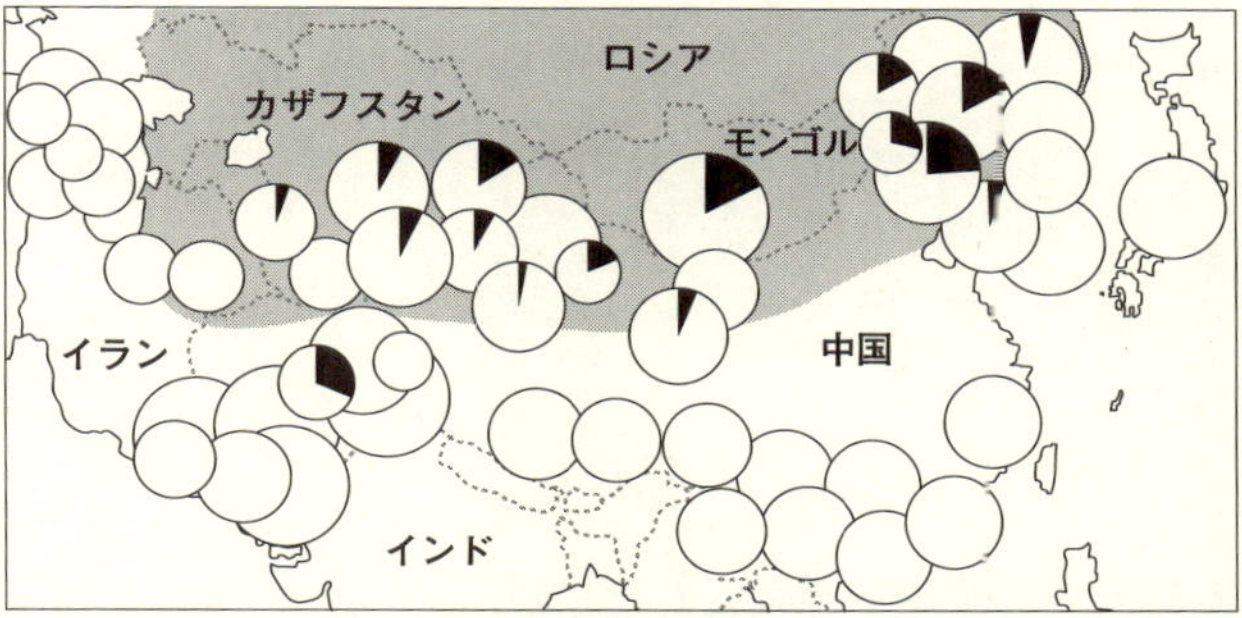

丸の大きさは、その地域で調べた人数の多さを反映。黒く塗りつぶした部分がチンギス・ハーンの一族が広めたと思われる遺伝情報を持つ人の割合（日本では見つかっていない）。網かけの部分は、チンギス・ハーンが死亡した時点でのモンゴル帝国の広がり

図6−13　チンギス・ハーンと遺伝情報

「The American Journal of Human Genetics Vol. 72, p719 (2003年)」を改変

数多くの遺伝情報のタイプが見つかったのだが、その中に奇妙なタイプがあった。全体の約八%を占め、変異がたまっている具合から判断すると約千年前に起源がありそうだった。わずか千年で集団の八%にまで広がることは通常では考えられない。

こうした急速な広がりを確認できるのは、産業革命後に煤《すす》で街が汚染されたときに黒い羽を持つ蛾《が》が捕食者を逃れて繁殖した例などに限られる。これは強い自然選択が働いたことを示唆する。

しかし、この研究チームが調べたY染色体の部分には、生存に強く有利になるような変異はなかった。自然選択が働かないのに、なぜこのタイプの遺伝情報が急激に集団に広まったのか。

このタイプの遺伝情報を持つ集団が高い頻度で見られたのはモンゴルだった。そして、ここには一二〇六年にチンギス・ハーンが強大なモンゴル帝国を築いていた。図6－13を見ると、モンゴル帝国の領土と、この遺伝情報の分布がおおむね一致することに気付くはずだ。

チンギス・ハーンの子孫が繁栄したために、生物としての自然選択がない状況でも、特定の遺伝情報が急激に広がったのだろうと研究チームは推定している。

モンゴル帝国は領土を広げるときに虐殺を行い、一方でチンギス・ハーンやその親族が多くの子どもを儲《もう》けた。モンゴルの支配は数世代に及び、中国では「元」が滅びる一三六八年まで続いた。この間に、チンギス・ハーンの一族の遺伝情報が急速に増えていったという筋書きだ。

遺伝情報の変化を、自然選択ではなく、社会科の教科書に出てくる歴史に結びつけた珍しい研究だ。二〇〇三年に米国人類遺伝学会誌に発表されている。

もちろん、まだ状況証拠だけで本当にチンギス・ハーンがこの遺伝情報の広がりの原因だったかどうかは確定できない。そもそも、チンギス・ハーンがこのタイプの遺伝情報を持っていたかどうかもわかっていない。チンギス・ハーンの遺骨から遺伝情報を取り出したり、チンギス・ハーンの末裔《まつえい》を捜し出して遺伝情報を調べ上げるといった研究が進めば、より真相に近づけるのだろう。

漢文化を広げたのは男か女か

男性の履歴を追うY染色体、女性の履歴を追うミトコンドリア、二つを組み合わせた研究を最後に見てみよう。

舞台はまたしてもアジアで、今度は約十二億人の漢民族が住む中国だ。これだけ多くの人間が、方言があるにせよ中国語を使い漢文化を共有している。マスメディアが発達した今日であれば文化の共有を語るのはやさしいが、それまではいかにして文化を共有していたのか。

これを説明するモデルが二つある。一つは人間が移動することによって文化が広がったとする考え方。もう一つはバケツリレーのように人間は動かなくても少しずつ文化が伝わっていったとする考えだ。

米国や中国の研究者が二〇〇四年の『ネイチャー』誌に発表した論文によると、文化を伝えたのは人間の移動で、それも男性が伝達者であったようだ。

研究チームは中国の二十八の地域集団の遺伝情報をそれぞれY染色体、ミトコンドリアの双方で調べた。その結果、Y染色体では際立った地域差は見つけられなかったのに対し、ミトコンドリアには南北で遺伝情報に差があった。男性が活発に移動し地域ごとにY染色体の遺伝情報の差がなくなっている一方で、女性はそれぞれの集団にとどまる傾向が強く地域差が目立つらしい。この結果から、地域を渡り歩いた男性が文化を伝えた可能性が高いと推測している。

生物としての進化にしても、地域社会の文化にしても、私たちの現在には、私たちの祖先が生きてきた時間の積み重ねがある。その来歴を知る手掛かりが遺伝情報に秘められているようだ。

終　章　科学も人間の営み

「正しく知ることが、心の扉を開く鍵になる」と話すフィリップ・トバイアス博士（撮影：三井誠）

分類という悩ましさ

科学に論争はつきものだ。人類学に限らず、古くは「天動説」vs.「地動説」の論争があり、二十世紀にも、「大陸移動」「恐竜絶滅」などを巡って、ときには研究者同士の人格攻撃に発展するほどの対立があった。

科学も人間の営みだ。私たち自身の過去を探る人類学ではひときわ、論争も多いように思う。本書の最後に、人類が人類学を研究する難しさを考えてみたい。

第1章のはじめに、人類とは「哺乳綱霊長目ヒト科」のことを指すと紹介した。この分類を巡っても、実は論争がある。遺伝情報でみると、チンパンジーはゴリラよりも人類に近い(表6―1＝237ページ)。なのに、伝統的な分類では、チンパンジーは、遺伝的に近い人類の仲間ではなく、大型類人猿(オランウータン科)のグループに入る(図7―1ⓐ)。当然、遺伝学者は「現在の分類は不合理だ」と声を挙げることになる。

最近では、「ヒト科」に、ゴリラやチンパンジーを入れる研究者も増えてきている。この場合、人類とは「ヒト族」のことを指すことになる(図7―1ⓑ)。さらに、遺伝情報で見れば一％ほどしか違わない人類とチンパンジーを別の「属」に分けるべきではないとする研究者は、ホモ属の解釈を広げチンパンジーも入れてしまう(図7―1ⓒ)。「脳の大型

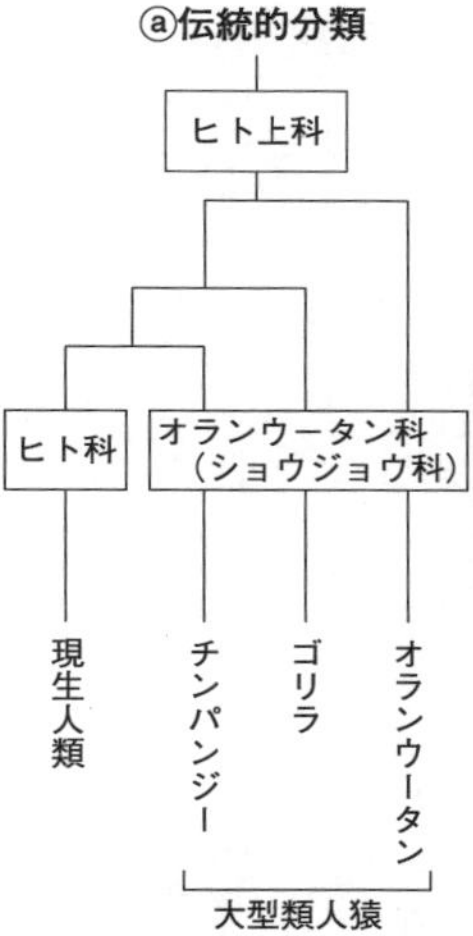

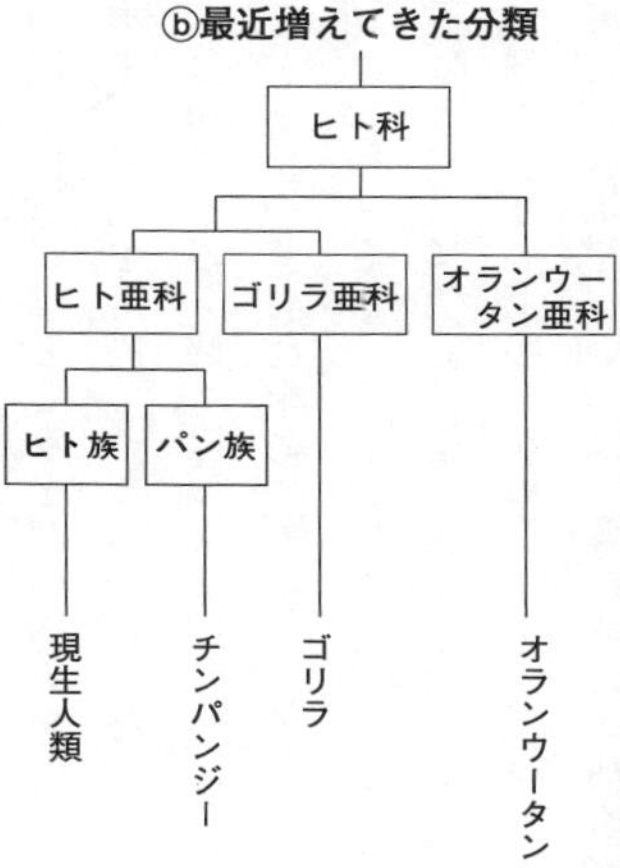

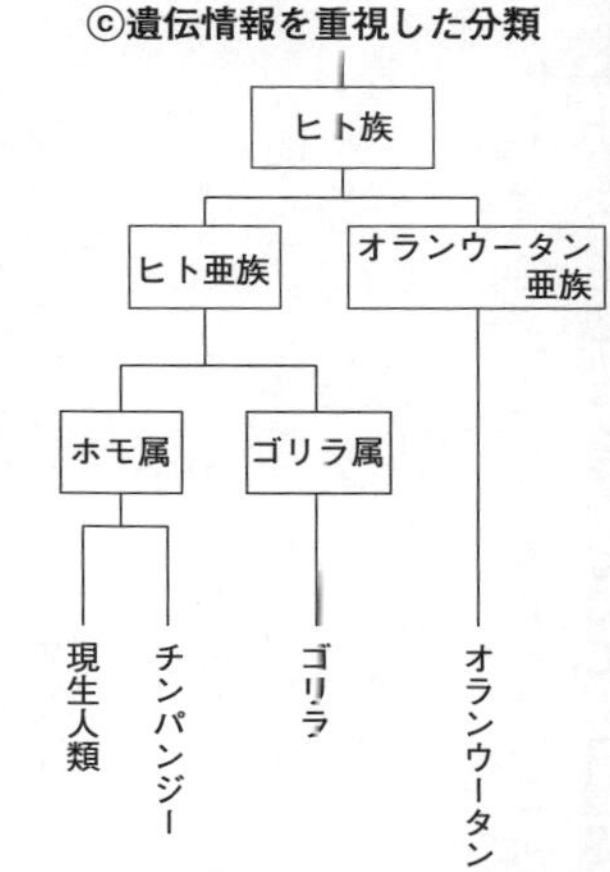

（ⓒの場合、ヒト科はテナガザルを含めた類人猿全体を指す）

人類は { ⓐでは　ヒト科 / ⓑでは　ヒト族 / ⓒでは　ホモ属の一部 } を指すことになる

図7—1　様々な分類の仕方

化などが始まり人間らしくなった」としていたホモ属なのに、研究者によって解釈が全く異なっているのが現実だ。この場合、人類は「ホモ属の一部」を指すことになる。

かなり、ややこしい。ヒト科という言葉が、研究者によって、人類だけを指す場合（図7―1ⓐ）と、チンパンジーなどを含む場合（同ⓑ）がある。さらに、テナガザルを含めた類人猿全体を指す場合（同ⓒ）もあるわけだ。そのため、最近の論文では、「ここでいうヒト科は○○の範囲を指す」などとわざわざ注釈をつけて使っている。

ヒト科という言葉に本当はどこまでの動物を含めるべきなのだろうか。米カリフォルニア大のティム・ホワイト教授は「正しい答えも間違った答えもない」という。こうした分類は、自然にはもともとない境界を人間が勝手に作り出しているものだ。自然界の動物が本来、名前を持っているわけではない。

分類学での「種」はおもに、二つの動物集団が交配しないか、あるいは交配できたとしてもその子どもに生殖能力がない場合に使う。人間とチンパンジーは交配しないので、別々の種となる。化石の場合は、交配できたかどうかわからないので、研究者によって「種」に分けるべきか否か、議論が絶えない。

「種」よりも上の分類単位である「属」や「科」になると、進化や分類に対する研究者の考え方次第だ。いわば、それぞれの研究者が作り出した思想のようなもので、自然界に答えがあるわけでない。

ホワイト教授は「分類は、私たちの助けになり、研究対象を話し合い、理解するのが目的」という。私たちが話し合ううえでの便宜上の概念に過ぎない。こうした分類の細かいところにこだわっていても、人類進化の理解に近づけるわけでもないだろう。

ただ、「ヒト科」に人類だけを入れていたのは、「人類は特別だ」という思想が背景にあったからかもしれない。研究が進み遺伝的には人類とチンパンジーは極めて近縁なことがわかり、ヒト科の再定義の動きにつながっている。

一方で、定義を変えるのは混乱のもとであり、「ヒト科」を従来の定義のままにすべきという研究者もいる。類人猿とは違う独自の適応進化をしている人類の特異性を重視すべきとの研究者もいる。正解がないだけに、結論も出ていない。「この際、多数決で決めればいいのでは?」とも思うが、「分類の統一を強制することは、科学の自由を侵す」という原則もあり、簡単にはいかない。しばらく、「ヒト科」の解釈の違いは続くだろう。「ヒト科」という言葉を見たら、どういう立場で使っているかを確認していくしかない。

揺れる評価

人類は、自分たちのことに特別の思い入れがあるのだろう。この思い入れが化石人類の評価の妨げになっていたことは、ネアンデルタール人について説明したときに少し触れた。人類学でも科学的な手法が確立されてきているが、ネアンデルタール人のとらえ方にしても、まだ、揺れ動いている。

第3章でネアンデルタール人が、クロマニョン人に似た石器を作っていたことを紹介した。そして、これはネアンデルタール人とクロマニョン人がヨーロッパで共存していた結果で、ネアンデルタール人がクロマニョン人のまねをした可能性なども触れた。

しかし、最近、新たな問題提起がされている。ネアンデルタール人が精巧な石器を作った年代が、ヨーロッパにクロマニョン人が来る時期よりも前だった可能性があるというのだ。ネアンデルタール人が自らの力で精巧な石器を作ったとすると、これまで思っていた以上に彼らが賢かったことになる。

ネアンデルタール人が絶滅し、代わってクロマニョン人が繁栄したとする「単一起源説」が唱えられて以来、「ネアンデルタール人を過小評価し、クロマニョン人に取って代わられた理由を説明しやすくしようという流れがあった」とノルウェー・ベルゲン大のクリストファー・ヘンシルウッド教授は話す。その揺り戻しが現在、来ているようだ。本当はどうだったのか、まだ、わからない。ただ、化石でしか現代に姿を残していない人類を、人類の進化史の中にどのように位置づけるのか、時代背景により評価は揺れ動き、それが現在も続いているといえるだろう。
化石を「正しく」評価するのは、難しい。さらに、偽物が出てくると、一層の混乱を招く。次に、思いこみが誤りを広げた歴史的な「捏造事件」を見てみよう。

正しく知ることの難しさ

舞台は二十世紀はじめ、ロンドンから南六十キロの英イースト・サセックス州ピルトダウンの砂利採石場だ。アマチュアの考古学者で弁護士のチャールズ・ドーソン氏が一九一二年、人類の化石を新たに発見した。発掘地にちなみピルトダウン頭骨と呼ばれた、この骨が四十年間にわたり、人類学の世界に大きな波紋を広げた。

ピルトダウン頭骨は大きな脳を持つ一方、あごには類人猿のような原始的な特徴があった。「まずは脳を進化させ、ほかの部分は原始的なままになっている」という段階が人類進化にあったことを示していた。「人類進化の初期に脳が発達した祖先がいた。脳の発達こそが人類進化の原動力だった」という当時の〝信仰〟にぴったりと合っていた。二十世紀はじめの研究者にとって、ピルトダウン頭骨は〝待ちこがれていた〟発見だった。

眉の部分の隆起が目立つネアンデルタール人や、脳の大きさが現代人の三分の二程度しかないジャワ原人は、人類進化のわき道に追いやられた。ピルトダウン頭骨がホモ・サピエンスの祖先となった。研究者たちは、見つかった頭の骨や下あごの骨をいかにつなぎ合わせて復元像を作るかについて議論を重ね、同じ地層から見つかった動物の骨などから年代を特定しようと試みた。

ヨーロッパでピルトダウン頭骨が人類学研究の主役であったころ、遠く離れた南アフリカでその後の人類学の行方を決める重要な発見があった。一九二四年、南アフリカの洞窟から初めての猿人化石が見つかったのだ。こちらの骨は、ピルトダウン頭骨とは逆に、脳は小さいながらも、歯などに見られる特徴は現代人に近かった。これがアウストラロピテクスの初登場だったのだが、反発は強かった。当時の人たちが人類には欠かせないと思っていた「脳の発達」という要素がなかったからだ。また、アフリカを人類誕生の地とすることへの偏見もあったらしい。アウストラロピテクスという名前が、ラテン語（アウストラリス＝南の）とギリシャ語（ピテコス＝サル）をごちゃ混ぜにしているといった、およそ本質とはかかわりのない批判まで飛び出した。

形勢が逆転するのは一九五〇年代になってから。科学的な手法で、ピルトダウン頭骨を詳しく調べたところ、原始的な特徴を持つとされた下あごの化石は、現代のオランウータンの骨を人工的に着色し古さを偽装していたことがわかった。頭のほうは現代人のものであることがわかった。一緒に発掘された石器や動物骨なども、細工を施して古く見せかけていたことが明らかになった。二十世紀前半の人類学者にもてはやされたピルトダウン頭骨は捏造だった。「大きな脳こそが人類にふさわしい」という当時の信仰が、捏造を受け入れる土壌だった。

捏造が明らかになり、「人類は脳から先に進化した」という幻想も崩れ落ちた。南アフリカで発見されていた猿人の化石がようやく正当に評価されるようになった。人類の進化はまずは二足歩行と歯の変化から始まり、その舞台はアフリカであることがほぼ確立した。

人類進化への先入観を正す化石が見つかった南アフリカだが、現地ではピルトダウンの捏造が明らかになった後でも、化石研究の評価は低かったらしい。二〇〇五年六月に、最初の猿人化石を見つけたダート博士の後継者である南アフリカ・ヴィットウオータースランド大学のフィリップ・トバイアス名誉教授（本章扉写真）に話を聞く機会があった。

「人類学の記念碑となる化石が、国の誇りではなく悪魔の仕業と言われた」

トバイアス博士はそう話した。二十世紀の最後の十年が来るまでは、そんな状況だったという。アパルトヘイト政策を採る政府は進化論を認めず、学校で教えることを禁止していた。化石研究を妨害こそしなかったが、温かく支援することもなかったという。担当していたラジオの科学番組では、「進化」という言葉は使わず、「発達」などと言い換えるようにきつく指示されたという。

状況が変わったのは、一九九〇年代に入って、人種差別政策を見直す新政府ができてからだった。つい最近のことだ。化石研究は再評価され、発掘地は一九九九年、「国連教育・科学・文化機関（ユネスコ）」の世界遺産に、「人類のゆりかご」として登録された。「進化を公的な場で話すのを禁じられた時代がようやく終わり、新政府が化石を国の誇りとして話すのを聞けたことが、長生きした最大の喜び」と博士は話した。一九二五年生まれの博士は四〇年代から研究を続け、数々の成果を上げてきた。人類学研究の巨匠とも言われる。特に、初期の原人である「ホモ・ハビリス」の研究が有名だ。

遺伝学にも精通し、科学的な立場から人種差別の不合理を説いてきた。一九四九年以来、南アフリカの各大学で南ア反人種主義学生同盟の党首としても活動してきた。遺伝学の知識を持つ人間として、本当の人種の意味を伝えるのが責任であり義務であると感じて、あらゆる機会をとらえて正しい理解につながるよう訴えてきた。「ときには危険な状況に陥ることもあったが、生き延びることができた」と振り返って笑顔で話した。

その生涯は、差別や、進化に対する先入観と戦う歴史に重なる。

「正しく知ることが、心の扉を開く鍵になる」

自国の政治状況に惑わされず、事実を見つめようとする姿勢を貫いてきた博士の言葉で、本書の締めくくりとしたい。

あとがき

「例えば、コウモリを知らない人に、『空飛ぶ哺乳類がいる』といってもバカげていると思われるだろう」。これは緑あふれるカリフォルニア大バークレー校でインタビューに応じてくれたティム・ホワイト教授が、化石研究の意義をたとえて話してくれた言葉です。

第2章で紹介した「頑丈型猿人」や、第3章で登場した「小型人類」はまさしく、化石がなければ想像もできない〝奇妙な〟人類だと思います。化石が見つかる前にそんな人類がいたと言っても、「バカげている」と笑われたことでしょう。実際の化石がなければ、過去の人類の姿に思いも及びません。私たちの想像力には限界があります。

研究室に伺って人類の化石を見るたびに、つくづく「人類も進化してきたのだ」と感じます。もちろん、人類が進化してきたことは頭ではわかっているのですが、数十万あるいは数百万年前の化石を目にしたときの感慨はひとしおです。

残念ながら酸性の土壌が多い日本では、見つかる化石はそう多くありません。さらに、日本では「役に立つ」研究が重視され、人類学は大学のポストや研究費の面で、厳しい状況にあるとも聞きます。しかし、私たちがたどってきた進化の軌跡に、現代に生きる多くの人が興味を持っているはずです。人類学の記事を書くと、「役に立つ」ことではなくても、読者から意外なほど多くの問い合わせをもらうことがあります。

人類学についてほとんど知識がなかった私が、こうして人類史を紹介する本を書き上げられたのは、忙しい時間をさいて取材に応じてくれた研究者のおかげです。国内だけでなく、海外の研究者にもインタビューする機会に恵まれ、現代科学がとらえる最新の人類史の一端をお伝えできたのではないかと思っています。ここで一人ひとりのお名前は挙げませんが、「化石って何?」というレベルから親切に教えていただいた皆さんに深く感謝しています。ありがとうございました。

この本は読売新聞の科学面に掲載した企画記事などに加筆してまとめたものです。記事執筆の際にご指導いただいた諸先輩にもお礼を申し上げます。また、編集を担当していただいた講談社の田中浩史さんにも、お世話になりました。

専門用語が多くて取っつきにくいと思われがちですが、慣れてさえしまえば、科学ほど奥深く味わい深い世界はそうはないと私は感じています。この本を読んでくれた皆さんに、その魅力を感じ取ってもらえたとしたら、とてもうれしいです。

二〇〇五年夏

三井　誠

【追記】二〇〇五年は年が明けてから、この本の原稿の最終確認を済ます八月末まで、人類進化のことをずっと考えていた。「あとがき」の確認も終わりようやく一息ついて気分転換しようと思っていたところ、新発見が報告された。ほっとした時期に飛び込んできたニュースに、改めて人類進化にまつわる化石研究の進展を実感した。本文を書き換える余裕がない時期になっての新発見を、ここで追記したい。

二〇〇五年九月一日発行の科学誌『ネイチャー』に、世界で初めてとなるチンパンジー化石の発見が報告された。本書の47ページで「チンパンジーの化石は全く見つかっていない」と紹介したが、ついに見つかった。年代は約五十万年前と推定されている。意外だったのは人類化石が多く見つかる東アフリカ・ケニアの大地溝帯で発見されたことだ。七百万年とされる人類やチンパンジーの進化史からみるとごく最近といえる五十万年前まで、両者は近くで共存していたのかもしれない。大地溝帯の発達が、両者の生息域を分断したというわけではないようだ。また、チンパンジーの現在の生息域は中央アフリカから西アフリカに限られるが、五十万年前は東アフリカまで幅広く生きていたこともわかった。

見つかったのはわずか三本の歯だけなので詳しい生態まではわからないが、人類に最も近縁なチンパンジーの進化にも、ようやく科学のメスが入ろうとしている。この本を書き終えた後も、しばらく人類学の研究から目が離せなくなりそうだ。

ンパンジー並みで、身長も１ｍほどと小型なのが特徴だ。人類も多様な進化を遂げうることを明らかにした。

★「Ｈ・サピエンス」（20万年前〜現在） 地上のほぼ全域で繁殖する。複雑な言語を使いこなし、高度な文明を発達させた。自然環境をかえりみずに開発を続けたことなどから、発展の一方で、地球温暖化など「負の遺産」を抱え込みはじめている。日本語では「現生人類」と訳される。

※ここで紹介したのは「人類種」の名前であり、化石の名前ではない。化石そのものは、例えば「AL288-1」（ルーシーの化石）、「KNM-WT15000」（ナリオコトメ・ボーイの化石）というように記号で呼ばれている。KNMというのは、ケニア国立博物館の略称だ。専門家が話をするときには人類種名ではなく「KNM-WT15000の特徴は……」などと言ったりする。人類学の本を読むと「OH5」「TM266」などの記号に出くわすかもしれないが、これらも研究者や研究機関が化石標本につけた整理番号だ。

【ホモ属（H）の仲間】（240万年前〜現在）

★「H・ハビリス」（240万〜170万年前） ホモ属の最初の一員で脳が大きくなりはじめた。初期のホモ属を大型の「H・ルドルフェンシス」と小型の「H・ハビリス」に分ける考え方と、両者を性差による違いと考えて「H・ハビリス」に統一する考え方があり、結論は出ていない。

★「H・エレクトス」（180万〜10万年前）「ナリオコトメ・ボーイ」を含むホモ属の代表的なグループ。身長が伸びて、現代人とほぼ同じ体形になった。「ピテカントロプス・エレクトス」と言われたジャワ原人や、「シナントロプス・ペキネンシス」と呼ばれた北京原人は現在、「H・エレクトス」に分類されている。180万〜150万年前のアフリカにいたグループを「H・エルガスター」と分ける考え方もあるが、混乱を招くため本書では「H・エレクトス」に統一して表記した。

★「H・ハイデルベルゲンシス」（60万〜20万年前） 脳の大きさが1200 ccを超え現生人類とほぼ変わらなくなってきたグループ。アフリカで見つかっているボド人（60万〜50万年前）、カブウェイ人（50万〜20万年前）などが代表的な化石。

★「H・ネアンデルターレンシス」（20万〜3万年前） ハイデルベルゲンシスの仲間がヨーロッパで進化したとされるグループ。脳は現生人類よりも大きめですらあるが、眉の部分の骨の隆起や頭の形などに原始的な特徴を残す。眉の部分の隆起がなぜあるのか、理由ははっきりわかっていない。現生人類に取って代わられたとする説が有力だが、彼らが現生人類に進化したと考えられていた時代には、「H・サピエンス・ネアンデルターレンシス」と呼ばれ、サピエンスの亜種と位置づけられていた。

★「H・フロレシエンシス」（2万〜1万年前） インドネシアのフローレス島で発見され、2004年に報告された。脳の大きさがチ

【アルディピテクス・ラミダス】(440万年前)

東京大学の諏訪元博士がエチオピアで発見し、1994年に発表した。当時は上記の3種が見つかっておらず、最古の人類化石として注目を集めた。さらに、一緒に見つかった動物の化石から、初期人類が生きていた環境が、開けた草原ではなく、むしろ森林のような場所だった可能性がわかり、人類誕生の環境について再考を迫った。

【アウストラロピテクス属(Au)の仲間】(420万〜250万年前)

★「Au・アナメンシス」(420万〜390万年前) ケニアで見つかったAuの最古のグループ。歯などに、ラミダスとアファレンシスとの中間的な特徴がある。

★「Au・アファレンシス」(380万〜300万年前) 代表的な猿人化石「ルーシー」を含むグループ。エチオピアなどで見つかっている。タンザニアで発見された最古の足跡化石(350万年前)の主はアファレンシスだと考えられている。

★「Au・アフリカヌス」(300万〜250万年前) 1924年に南アフリカで見つかった初の猿人。南方へ向かったアファレンシスが進化した集団だと考えられている。

★「Au・ガルヒ」(250万年前) はじめて石器を使った可能性がある人類として知られる。脳の大きさは450 ccと小さいが、ホモ属に向けて行動の変化が起き始めていたことを示す。

【パラントロプス属(Pa)の仲間】(270万〜120万年前)

「Pa・エチオピクス」「Pa・ボイセイ」「Pa・ロブストス」の3種が知られている。いわゆる「頑丈型猿人」の仲間で、強力なあごの筋肉と大きな奥歯を持っているのが特徴だ。ホモ・エレクトスなどと時代を共有したが、脳はあまり発達せず、絶滅した。パラントロプス属を設けずに、アウストラロピテクス属の仲間に入れる研究者もいる。

巻末資料・おもな人類種の概要

化石につけられる人類種の名前は、人類学を学ぶうえで大きなハードルだ。覚えておかなくてもいいように、主な人類種の年代（いずれも推定値）と特徴をまとめてみた。

【サヘラントロプス・チャデンシス】（700万〜600万年前）

2002年にフランスなどの研究チームが報告した最古の人類。「生命の希望」を意味する「トゥーマイ」の愛称がある。ほぼ完全な頭骨が見つかっており、脳の大きさは360〜370 ccとチンパンジー並みであることがわかっている。人類の起源をさかのぼらせただけでなく、発見地がアフリカ中央部のチャドだったことから、当時の人類がアフリカ東部のほかでも幅広く生きていた可能性を示した。

【オロリン・ツゲネンシス】（600万〜580万年前）

400万年以上前の人類化石では唯一、大腿骨が発見されており、初期人類が二足歩行していたことを明らかにした。大腿骨の特徴はチンパンジーとも現生人類とも異なり、独特な二足歩行をしていた可能性が高い。2001年に発表された。発見地はケニア。

【アルディピテクス・カダバ】（580万〜520万年前）

犬歯や足の指の骨などが見つかっている。犬歯は類人猿よりも小さく、人類への進化を示しつつも、下あごの歯（小臼歯）に研がれるような構造が残っていた可能性がある。これは類人猿に特徴的な構造で、この人類がチンパンジーとの共通祖先から枝分かれして間もなくの段階にあったことを示唆する。足の指には、足をけり出すときにつま先を反り返らせていた構造があり、二足歩行の可能性を示している。エチオピアで発見され、2001年に報告された。

講談社現代新書　1805

人類《じんるい》進化《しんか》の700万年《まんねん》――書《か》き換《か》えられる「ヒトの起源《きげん》」

二〇〇五年九月二〇日第一刷発行　二〇二一年一一月八日第一四刷発行

著者　三井《みつい》誠《まこと》

発行者　鈴木章一
発行所　株式会社講談社
東京都文京区音羽二丁目一二―二一　郵便番号一一二―八〇〇一
電話　〇三―五三九五―三五二一　編集（現代新書）
〇三―五三九五―四四一五　販売
〇三―五三九五―三六一五　業務
装幀者　中島英樹
印刷所　豊国印刷株式会社
製本所　株式会社国宝社
定価はカバーに表示してあります　Printed in Japan

N.D.C.469　269p　18cm
ISBN4-06-149805-3

「講談社現代新書」の刊行にあたって

教養は万人が身をもって養い創造すべきものであって、一部の専門家の占有物として、ただ一方的に人々の手もとに配布され伝達されうるものではありません。

しかし、不幸にしてわが国の現状では、教養の重要な養いとなるべき書物は、ほとんど講壇からの天下りや単なる解説に終始し、知識技術を真剣に希求する青少年・学生・一般民衆の根本的な疑問や興味は、けっして十分に答えられ、解きほぐされ、手引きされることがありません。万人の内奥から発した真正の教養への芽ばえが、こうして放置され、むなしく滅びさる運命にゆだねられているのです。

このことは、中・高校だけで教育をおわる人々の成長をはばんでいるだけでなく、大学に進んだり、インテリと目されたりする人々の精神力の健康さえもむしばみ、わが国の文化の実質をまことに脆弱なものにしています。単なる博識以上の根強い思索力・判断力、および確かな技術にささえられた教養を必要とする日本の将来にとって、これは真剣に憂慮されなければならない事態であるといわなければなりません。

わたしたちの「講談社現代新書」は、この事態の克服を意図して計画されたものです。これによってわたしたちは、講壇からの天下りでもなく、単なる解説書でもない、もっぱら万人の魂に生ずる初発的かつ根本的な問題をとらえ、掘り起こし、手引きし、しかも最新の知識への展望を万人に確立させる書物を、新しく世の中に送り出したいと念願しています。

わたしたちは、創業以来民衆を対象とする啓蒙の仕事に専心してきた講談社にとって、これこそもっともふさわしい課題であり、伝統ある出版社としての義務でもあると考えているのです。

一九六四年四月　野間省一